Zu diesem Buch: Jeder kennt sie, und fast jeder hat sich schon einmal über sie geärgert: Die Fruchtfliege *Drosophila melanogaster* sitzt bevorzugt auf überreifem Obst und lässt sich, wenn sie erst einmal da ist, nur mit Mühe wieder vertreiben. Die Naturwissenschaftler und insbesondere die Gentechniker schätzen die kleine Fliege über die Maßen: Sie ist seit ihrer Entdeckung vor rund 100 Jahren zum erfolgreichsten Labortier der Welt geworden. Bei einer hohen Fortpflanzungsrate und einer Generationsfolge von nur 12 Tagen können Wissenschaftler der Evolution gewissermaßen bei der Arbeit zusehen. 1995 erhielt die Tübinger Genetikerin Christiane Nüsslein-Vollhard den Medizin-Nobelpreis für die Entschlüsselung und Kartierung aller Gene, die das Embryonalstadium der Fliege organisieren.

Brookes ist ein brillantes und vergnügliches Buch über ein wichtiges Kapitel der modernen Naturwissenschaften gelungen, das im Lichte der jüngsten Debatten um die Entschlüsselung des menschlichen Genoms eine sehr aktuelle Dimension bekommen hat.

Martin Brookes studierte Biologie und Evolutionsgenetik. Seit 1996 arbeitet er als freier Autor. Er schreibt u. a. für den «New Scientist», «BBC Wildlife Magazine» und den «Guardian».

Martin Brookes

Die Fliege

Erfolgsgeschichte
eines Labortiers

Deutsch von Hubert Mania

Rowohlt Taschenbuch Verlag

rororo science
Lektorat Angelika Mette

Die Originalausgabe erschien 2001
unter dem Titel «Fly: an experimental life»
bei Weidenfeld & Nicolson, The Orion Publishing
Group Ltd., London

Veröffentlicht im Rowohlt Taschenbuch Verlag GmbH,
Reinbek bei Hamburg, Februar 2003

Copyright © 2002 by Rowohlt Verlag GmbH,
Reinbek bei Hamburg
Fachliche Beratung der Reihe Eva Ruhnau,
Humanwissenschaftliches Zentrum,
Ludwig-Maximilians-Universität, München
Lektorat Annalisa Viviani
Umschlaggestaltung any.way, Barbara Hanke
(Foto: Agentur Focus)
Druck und Bindung Clausen & Bosse, Leck
Printed in Germany
ISBN 3 499 61491 X

Inhalt

Für Jennifer

Die Fliege,
die aus der Kälte kam

John und Yoko waren im Käfig ganz und gar mit sich selbst und ihrem Liebesritual beschäftigt. John brachte, als der Aktivere der beiden, bestimmte Körperteile mit einer Geschwindigkeit zum Zittern, die allen Naturgesetzen Hohn sprach, während Yoko eher teilnahmslos dreinschaute. Wir starrten durch die Acrylglaswände, raunten ihnen unsere frivolen Kommentare zu und feuerten John an, dass er endlich die Initiative ergreifen möge. Als er schließlich so weit war und von hinten auf seine Partnerin kletterte, schwoll aus der gelehrsamen Stille des Genetikkurses ein Chor orgastischen Stöhnens an.

Den Rest des Nachmittags verbrachten zwei Freunde und ich damit, uns alberne Spitznamen für unsere in Gefangenschaft lebenden Fruchtfliegen auszudenken, sodass die Wissenschaft ein wenig zu kurz kam. «John und Yoko», «Sid und Nancy», «Charles und Di» schienen einfach bessere Alternativen zu dem sachlich nüchternen Begriff *Drosophila melanogaster* zu sein. Dutzende solcher Pärchen in Starbesetzung defilierten an uns vorbei und hielten unserem ungeduldigen, postpubertären Blick nicht stand. Manchmal zogen die Fliegen es vor, sich bewegungslos in ihrem Gehege gegenüberzusitzen. Gelangweilt und frustriert rüttelten wir an ihren Käfigen, um sie zu zwingen, etwas zu tun, das unsere Aufmerksamkeit wert war.

Es fiel uns schwer, die Fruchtfliege ernst zu nehmen. Wie alle Insekten hatte sie Kopf, Brustkorb und Hinterleib, sechs zarte Beinchen und natürlich zwei Flügel. Nur dass all dies in einem Körper daherkam, der noch nicht einmal halb so groß war wie ein Weintraubenkern. Dieses Tierchen schrie geradezu danach, ignoriert zu werden. Man konnte hundert Fliegen auf einen Streich zerquetschten – wie es mir einmal passierte –, ohne dass man es bemerkte. Auf meiner eigenen, völlig subjektiven Skala der Tierästhetik rangierte die Fruchtfliege zwar in respektabler Distanz zum Schlusslicht Plattwurm, aber immer noch hinter der Nordischen Purpurschnecke.

Selbst im Rahmen ihrer evolutionären Verwandtschaft stach sie nicht sonderlich hervor. Sie konnte einfach nicht mit dem schaurigen Charme entfernter Cousins mithalten, die – wie etwa die Goldfliegen – ihre Eier in Geschlechtsorgane, Mund und Nase ihrer unglückseligen Säugetieropfer legten. Sie hatte auch nichts von der hinterhältigen, infektiösen Schläue von Krankheitsüberträgern wie den Moskitos, die stets noch einen ganzen Rattenschwanz lästiger Schmarotzer mit anschleppten. Obendrein fehlte ihr der nichtswürdige Hang zur Auslösung landwirtschaftlicher Katastrophen, wie ihn die berüchtigte – irreführend auch als Namensvetter bekannte – Mittelmeer-Fruchtfliege schon rein gewohnheitsmäßig an den Tag legte. Die geriet in die Schlagzeilen, als sie in Kalifornien und Europa ganze Zitrusfruchternten zerstörte.

Für mich waren Goldfliegen, Moskitos, Mittelmeer-Fruchtfliegen und Konsorten der ideale Gesprächsstoff für Partys: Fliegen, deren evolutionäre Entwicklung von vornherein schon eine interessante Lebensgeschichte garantierte. Während die Fruchtfliege eher ein «Früh-zu-Bett-mit-'ner- Tasse-Kamillentee-Thema» war.

Aber schon bald sollte sich meine Einstellung zur Fliege ändern. Nachdem ich meinen Hochschulabschluss gemacht hatte, suchte ich nach einem Dissertationsthema im Fachbereich Evolutionsbiologie und war konfrontiert mit einer verwirrenden Vielfalt von Projekten und Organismen. Zu diesem Zeitpunkt war mir der Organismus wichtiger als wissenschaftliche Details. Bei der Arbeit wollte ich mein Hauptaugenmerk auf ein «richtiges» farbenfrohes Tier mit Fell oder Federn richten, das weit abgeschieden irgendwo am Amazonas lebte. Unglücklicherweise schienen die meisten meiner Kommilitonen diese Vorliebe zu teilen. Deshalb musste ich am Ende mit dem zufrieden sein, was ich ergattern konnte – ein Projekt über eine kleine Mottenart in Südwales.

Der Studie fehlte zwar der Glamour, nach dem ich mich gesehnt hatte, später aber wurde mir klar, dass dieser Umstand sich schließlich doch als ein Segen erwies. Die Entscheidung für ein attraktives Dissertationsthema konnte durchaus bedeuten, kostenlos in die Tropen reisen zu dürfen. Aber in den meisten Fällen fing man sich Malaria ein und kam drei Jahre später mit leeren Notizbüchern und einer angeschlagenen wissenschaftlichen Reputation zurück. Wenn man die Sprache erlernt, ein Basislager errichtet und das Stativ aufgestellt hatte, war es schon wieder Zeit, Lebewohl zu sagen. Auf akademischen Konferenzen erkannte man diese sonnengebräunten Opfer ihrer eigenen Berufung an ihrem ausdruckslosen, glasigen Blick.

Aber es gab auch andere, die aus der Menge der Konferenzteilnehmer herausstachen: junge, selbstbewusste Persönlichkeiten, deren Auftreten Weltgewandtheit ausstrahlte. Sie schienen keine Angst zu haben, vor versammeltem Publikum zu sprechen. In ihren Vorträgen wurde deutlich, dass ihre kurze wissenschaftliche Karriere einer einzigen großen Erfolgsgeschichte glich. Sie sammelten neue Fakten, wie eine Biene Blütenstaub sammelt. Obendrein veröffentlichten sie die Früchte ihrer Arbeit routinegemäß in den namhaften Zeitschriften *Nature* und *Science.* Sie waren in alle Winde zerstreut, aber dennoch verbunden durch ein gemeinsames Interesse. Wer waren nur diese Leute?

Sie hatten es vorgezogen, mit Fruchtfliegen zu arbeiten.

Wenn meine Stippvisite im akademischen Betrieb mir irgendetwas klar gemacht hatte, dann war es die Erkenntnis, dass meine Tierästhetikskala nicht im Einklang war mit den praktischen, zeitlichen und finanziellen Erfordernissen der biologischen Forschung. Die in meinen Augen langweiligsten kleinen Insekten erwiesen sich als begehrte Labortiere. Und ausgerechnet das Tier, das ich für das unwichtigste überhaupt hielt, thronte – mit stolz geschwellter Brust – über allen anderen: die Fruchtfliege. Sie hatte all die Eigenschaften anderer kleiner Insekten. Was sie jedoch auszeichnete, war ihre lange, herausragende wissenschaftliche Karriere.

Im Jahre 1900 hatte die Fruchtfliege unter dem wachsamen Auge des Harvard-Professors William Castle ihren ersten Auftritt im Labor. Wenn man ganz genau sein will, geschah der Schritt über die Laborschwelle eigentlich eher zufällig. Castle war auf der Suche nach einem Organismus, der als Studienobjekt für einen seiner Embryologiestudenten dienen konnte. Da schien die Fruchtfliege eine billige und erfreuliche Lösung zu sein. Also ließ man ein paar reife Weintrauben auf der Fensterbank stehen, und alle Fliegen, die den Köder annahmen, wurden ins Labor gebracht.

Die Fliege war nur eines von vielen neuen Versuchstieren, mit denen gegen Ende der viktorianischen Ära, als sich die Biologie in einem wichtigen Umbruch befand, experimentiert wurde. Die Philosophie des Naturalismus hatte beinahe das ganze 19. Jahrhundert hindurch die Biologie dominiert. Die Naturalisten glaubten, dass die Entdeckung biologischer Wahrheiten von sorgfältiger Beobachtung des Lebens in natürlichen Zusammenhängen abhing. Folglich strotzten die Arbeiten der Biologen geradezu vor Detailbesessenheit. Vom winzigen Haar am Hintern eines Käfers bis zur Fliegenfamilie im Beutel eines Kängurus war nichts zu trivial, um nicht dokumentiert zu werden.

Im Laufe des 19. Jahrhunderts gerieten die Naturalisten jedoch immer stärker unter Beschuss. Eine neue Generation von Biologen betrachtete das Leben aus einer eher materialistischen und mechanistischen Perspektive. Dem Studium des Lebens, so argumentierten sie, nähere man sich am besten nicht allein durch die Beschreibung dessen, was existiert, sondern durch sorgsam kontrollierte Experimente und Manipulationen. Schließlich strich die traditionelle Sichtweise vor dieser neuen Richtung der Experimentalbiologie die Segel. Zur Jahrhundertwende befand sich die Naturgeschichte eindeutig auf dem absteigenden Ast.

Befreit von der Zwangsjacke der Naturgeschichte, teilte sich die Biologie in Spezialdisziplinen wie Tierverhalten, Evolution und Physiologie auf. Da die Biologen scharf darauf waren, eine ganze Armada neuer Ideen in die Tat umzusetzen, hielten sie nach Organismen Ausschau, die gut für experimentelle Zwecke im Labor geeignet waren. In dieser Hinsicht erwies sich die Fruchtfliege als ein wahrer Champion.

Dabei war sie nicht unbedingt von Anfang an für eine Karriere als Labor-Superstar prädestiniert. In einer viktorianischen Gesellschaft, die große und starke Biester als machtvolle Symbole für biologischen Ruhm schätzte, erwies sich ihr winziger Körper als Nachteil. Wer etwas auf sich hielt, arbeitete mit Hunden, Katzen, Tauben und sogar Ratten und Mäusen, die bei der viktorianischen Mittelschicht in hohem Ansehen standen.

Berücksichtigt man den Snobismus, der mit der Auswahl der Tiere verbunden war, scheint es erstaunlich, dass ein «Prolet» wie die Fruchtfliege es jemals über die Schwelle eines Labors schaffte.

Aber viktorianische Werte bedeuteten hartnäckigen Rumtreibern wie der Fliege überhaupt nichts. Als schamlose Selbstdarstellerin zog sie die Aufmerksamkeit der Menschen auf sich. Sie lungerte in der Nähe von Mülltonnen herum, die man aus Bequemlichkeit direkt vor der Küchentür abstellte. Sie veranstaltete spontane «Love-ins» in halb leeren Picknickbehältern, die achtlos auf sommerlichem Rasengrün offen stehen gelassen wurden. Und auf der Suche nach Wärme und liegen gelassenem Obst unternahm sie gefährliche Erkundungsreisen ins Allerheiligste viktorianischer Salons. Ihr anpassungsfähiger Geschmack erlaubte der Fruchtfliege, sich an den kostenlosen Banketten gütlich zu halten, die unabsichtlich vom *Homo sapiens* bereitgestellt wurden. Wo immer Obst und Gemüse gelagert, konserviert, fermentiert oder schlicht zum Vergammeln liegen gelassen wurde, war die Fruchtfliege in der Nähe. Die ersten Jahre der Fliege im Labor waren produktiv, wenn auch unspektakulär. Nichts deutete darauf hin, dass sie für große Dinge bestimmt war. Den größten Teil der Zeit befand sich die Fruchtfliege in den Händen unbeholfener Heranwachsender. Mit der Konzentration auf experimentelle Biologie gehörten praktische Arbeit und Forschungsprojekte in zunehmendem Maße zur biologischen Ausbildung junger Menschen, und es gab ein echtes Bedürfnis nach einem Tier, das die Rolle eines Erfüllungsgehilfen im Labor spielen konnte. Mit ihrer Philosophie «Rasant leben – früh sterben» passte sich die Fruchtfliege auf hervorragende Weise an den knapp bemessenen Zeitplan des akademischen Kalenders an und war wie maßgeschneidert für Forschungsarbeiten im Wettlauf mit der Uhr.

Die Winzigkeit der Fruchtfliege und der leichte Umgang mit ihr erleichterten ihre Unterbringung und verbilligten das Futter. Eine halb volle Milchtüte mit einem Stück verfaulender Banane genügte, um zweihundert Fruchtfliegen vierzehn Tage lang bei Laune zu halten. Auch ihre Züchtung bereitete keine besonderen

Schwierigkeiten, da jedes Weibchen mehrere hundert Eier legte. Hinzu kam, dass die Fliegen sich eilig fortpflanzten: Geburt, Sex und Tod spielten sich in ein paar aufregenden Wochen ab. Kurz gesagt, machten Fruchtfliegen genau das, was andere Tiere taten, nur eben billiger und schneller.

Diese Neuigkeiten über die Fruchtfliege verbreiteten sich mit bescheidener Geschwindigkeit innerhalb des akademischen Netzwerks von William Castle. 1907 hatte die Fruchtfliege zusätzliche Laborkolonien an der University von Indiana in Bloomington, an der Bryn Mawr University in Maryland und am Cold Spring Harbor Laboratory im Bundesstaat New York begründet. Aber erst an der Columbia University in New York bekam die Karriere der Fruchtfliege als Labortier ihren entscheidenden Schub. Denn dort trat 1909 ihr Talent für das Unerwartete in Erscheinung. Eine spontane Änderung der Augenfarbe erregte die Aufmerksamkeit des Zoologen Thomas Hunt Morgan. Es war eine kleine Veränderung mit großer Wirkung.

Vor der Arbeit mit der Fruchtfliege waren die Vorstellungen über biologische Vererbung eine seltsame Mischung aus verrückten Hypothesen, Mythos und Aberglauben. Aber an der Columbia University verwandelte sich das Thema schnell in eine schlüssige Wissenschaft, als Morgan mit Hilfe der Fliege die Grundlagen für die moderne Genetik schuf. Morgan bewies, dass die materielle Basis der Vererbung bei Fruchtfliegen in fadenähnlichen Strukturen innerhalb der Zellen lag, die Chromosomen genannt wurden. Zusätzlich fand er heraus, dass jedes dieser Chromosomen aus einer langen Auflistung von Erbinstruktionen – den Genen – bestand, die sich bei der Fortpflanzung in einzigartigen Kombinationen neu anordnen ließen.

Was für die Fruchtfliegen galt, bestätigte sich auch für andere Lebewesen, die Menschen eingeschlossen: Gene und Chromosomen sind die universelle Währung der Vererbung. In Windeseile avancierte die Fruchtfliege zu *dem* Versuchstier par excellence für jeden Genetiker, der etwas auf sich hielt. In den Jahren 1910 und 1911 gab es nur fünf Labors in den USA und zwei in Europa, die Forschung mit der Fruchtfliege betrieben. 1936–37 war sie bereits in sechsundzwanzig amerikanischen und zwanzig europäischen Labors zu Hause. Dreißig Jahre lang stand die Fruchtfliege im Mittelpunkt der genetischen Forschung. Als die ersten genetischen Karten erstellt wurden, die die lineare Reihenfolge der Gene auf den Chromosomen offenbarten, verwendete man dafür die Gene der Fruchtfliege. Das gleiche Ausgangsmaterial kam zum Einsatz, als Chromosomen mit Röntgenstrahlen «beschossen» wurden, um die physikalische Natur genetischer Mutationen zu verstehen.

Die Bedeutung dieser frühen Forschungsarbeit kann nicht hoch genug eingeschätzt werden. So hängen beispielsweise Techniken zur genauen Lokalisierung von Genen für menschliche Krankheiten von den Prinzipien zur Erstellung von genetischen Karten ab, die zuerst mit Hilfe der Fruchtfliege erarbeitet wurden. Erst die Grundlagenforschung mit der Fruchtfliege verdeutlichte die Gefahren, die Strahlung für die menschliche Gesundheit bedeutet. Tatsächlich steht die gesamte moderne Genetik – von der Gentherapie über das Klonen bis zum Humangenomprojekt – auf den Fundamenten der Fruchtfliegenforschung des frühen 20. Jahrhunderts.

Die neue Genetik hielt schon bald Einzug in andere Bereiche der Biologie. In den dreißiger Jahren zum Beispiel trieb der russischstämmige Biologe Theodosius Dobzhansky die Verschmelzung von Genetik und Darwin'scher Evolution voran und begründete damit eine neue Wissenschaft, die einfallsreich Evolutionsgenetik genannt wurde. Die Genetik gab der Evolutionsbiologie eine wissenschaftliche Glaubwürdigkeit, die ihr zuvor gefehlt hatte, und wieder waren es die Fruchtfliegen, die an vorderster

Front mitmischten. Dobzhansky widerlegte die gängige Sichtweise, Evolution sei von vornherein ein langwieriges Phänomen, das sich der wissenschaftlichen Forschung verschließe, als er bewies, dass die Weiterentwicklung von Populationen der wilden Fruchtfliege eine Angelegenheit weniger Monate war.

Leider setzte sich die wissenschaftliche Eigendynamik der Fruchtfliege nicht fort, sodass sie in der Mitte des 20. Jahrhunderts einen Karriereknick erfuhr. Zwar verschwand sie nicht völlig von der Bildfläche der Forschung, wurde aber verdrängt durch eine neue Generation von Laborpionieren.

In gewisser Weise wurde die Fruchtfliege ein Opfer ihres eigenen Erfolgs. Durch ihre Mithilfe bei der Identifizierung von Genen als die grundlegenden Einheiten der Vererbung hatte sie diesem speziellen Zweig der Biologie den größtmöglichen Schub nach vorn gegeben. Der nächste logische Schritt war die Frage, woraus Gene bestehen und wie sie funktionieren. Diese Fragen stellten sich Biochemie und Molekularbiologie, und ihre Beantwortung erforderte eine völlig andere Form der Laborarbeit. Hier war die Biologie in ihren elementaren Erscheinungsformen gefordert. Für die Fruchtfliege war es an der Zeit, beiseite zu treten und den Weg für Viren, Bakterien, Hefen und Schimmelpilze freizumachen.

Für die nächsten vierzig Jahre waren diese vier biologischen Primitivlinge die neuen Stars der wissenschaftlichen Showszene und beteiligt an der Ausbrütung wichtiger und einflussreicher Entdeckungen: Das DNA-Molekül ist das genetische Material und hat eine Doppelhelixstruktur; es ist ein Code, der seine Wirkungen nicht direkt ausübt, sondern über Chemikalien vermittelt, die Proteine genannt werden; die Entzifferung dieses Codes; und – die vielleicht faszinierendste Erkenntnis: dieser genetische Code ist universell. Bakterien, Fruchtfliegen, Kohlköpfe und Menschen mögen sich zwar voneinander unterscheiden, aber es wurde deutlich, dass sie und die vielen Millionen anderer Spezies auf unserem überfüllten Planeten aus dem gleichen chemischen Stoff geschneidert sind.

Unter dieser neuen Generation von Emporkömmlingen im Labor waren es vor allem die Bakterien, die Herz und Verstand der Biologen eroberten. Deren bemerkenswerte Fähigkeit, DNA-Basen auf vielerlei exzentrische Weise untereinander auszutauschen, war der Traum eines jeden Biologen. Dies deutete auf Möglichkeiten hin, Gene künstlich zu manipulieren, sie von einem Organismus zum anderen zu verschieben. Mit anderen Worten: Hier entfalteten sich die Grundlagen der Gentechnik.

Ironischerweise kamen diese Entwicklungen der Fruchtfliege zugute. Auch wenn sie wegen dieser neuen Art von Labororganismen einiges von ihrer Attraktivität für die Wissenschaft eingebüßt haben mochte, ebnete die von den Bakterien angeführte Revolution in der Molekularbiologie dennoch den Weg für die Renaissance der Fruchtfliege.

In den siebziger Jahren des 20. Jahrhunderts war die Fruchtfliege wieder auferstanden und zum Lieblingstier der Entwicklungsbiologie geworden. Die Frage, wie ein befruchtetes Ei sich in einen ausgewachsenen Organismus entwickeln kann, hatte die Biologen jahrhundertelang beschäftigt. Plötzlich lieferte die Fruchtfliege ein paar Antworten. Und erneut zeigte sich, dass die Spielregeln nicht auf die Fruchtfliege beschränkt waren. Der Bauplan für den Körper einer Fruchtfliege ist ein nützlicher Leitfaden für den Körperbau im Allgemeinen. Und selbst das Studium der menschlichen Embryonalentwicklung hat in der einen oder anderen Hinsicht von der Fruchtfliege profitiert.

Seit den siebziger Jahren haben sich zahlreiche Biologen vom unscheinbaren, hausbackenen Charme der Fruchtfliege angezogen gefühlt. Ein Erfolg löste den anderen ab, sodass es heute nur wenige Zweige der Biologie gibt, die vom Einfluss der Fruchtfliege unberührt blieben. Man arbeitet mit ihr auf der Suche nach Krebstherapien, sie kommt als Frühwarnsystem für globale Erwärmung und Klimaveränderung oder beim Studium neurodegenerativer Störungen wie Alzheimer und Chorea Huntington (erblicher Veitstanz) zum Einsatz. Auch dort, wo man die genetischen Ursachen für Alkoholismus und Drogenabhängigkeit, Schlafstörungen und Jetlag verstehen will, ist die Fruchtfliege zu finden.

In der Tat gibt die Fliege Antworten auf einige der grundlegendsten Fragen in der Biologie. Wie verbinden Gene eine Generation mit der nächsten? Wie wird aus einer Eizelle ein Erwachsener mit Milliarden verschiedener Zellen? Wie speichern und behalten wir Informationen? Warum sind Männchen und Weibchen in diesen ewigen Sexkonflikt verstrickt? Warum altern wir, und wie können wir es verhindern? Wie entwickeln sich neue Arten?

Der Laborvasall *Drosophila melanogaster* bleibt der Star der Show. Aber die Geschichte der Fruchtfliege geht weit über die begrenzte Laborwelt hinaus. Weltweit hat eine Schar von etwa zweitausend *Drosophila*-Arten einen bedeutenden Beitrag zum wissenschaftlichen Vermächtnis der Fruchtfliege geleistet.

Natürlich hat sich nicht alles, was die Fruchtfliege berührte, in Gold verwandelt. Nichts wäre weiter von der Wahrheit entfernt. Der größte Teil biologischer Forschung ist eher langweilig. Nehmen wir zum Beispiel mein eigenes Projekt. Als ich Doktorand war, verbrachte ich vier Jahre, um herauszufinden, wie weit sich eine Mottenart von der Geburt bis zum Tod bewegt (falls es jemanden interessiert: annähernd 3,9 Meter). Nur ein winziger Bruchteil der neuen Forschung bringt die Wissenschaft wirklich voran. Der Rest ist nichts anderes als die Wiederholung des Bisherigen, an ein oder zwei Stellen vielleicht ein wenig hochfrisiert, um es weniger offensichtlich erscheinen zu lassen.

Bis jetzt sind ungefähr hunderttausend wissenschaftliche Arbeiten über die Fruchtfliege veröffentlicht worden. Das ist eine enorme Menge und ein Zeugnis für die ungebrochene und weit verbreitete Popularität der Fruchtfliege. Aber schätzungsweise nur fünf Prozent davon sind von mehr als einem Dutzend Leuten gelesen worden. Der Rest bleibt größtenteils unbeachtet und ist nur insofern sinnvoll, als er Nahrung für hungrige Bücherwürmer liefert. Aber diese fünf Prozent aufgegangene Saat der Fruchtfliegenforschung ist von allerhöchster Qualität. Es sind die fünf Prozent, die die Biologie des 20. Jahrhunderts verändert haben.

Umso erstaunlicher ist es daher, dass außerhalb der akademischen Kreise das Image der Fruchtfliege so schlecht wie ehedem ist. Und selbst wenn der Name der Fruchtfliege irgendwo erwähnt wird, geschieht dies meistens in einem Kontext, der Bescheidenheit und Minderwertigkeit nahe legt. Zumindest in der Öffentlichkeit zögern wir anscheinend zu akzeptieren, dass diese winzige Kreatur uns etwas zu sagen hat, vor allem, wenn es dabei auch um uns selbst geht. Es ist meine Absicht, in diesem Buch für klare Verhältnisse zu sorgen.

Lassen Sie uns deshalb die Dinge nüchtern betrachten. Mit Ausnahme des verhuschten Exzentrikers studieren die meisten Biologen die Fruchtfliege nicht ausschließlich deshalb, weil sie in die genauen Einzelheiten der Fruchtfliegenbiologie vernarrt sind. Sie hoffen, dass das Studium der Fruchtfliege Anhaltspunkte für ein allgemeineres biologisches Gesamtbild liefert, das ein breites Spektrum von Organismen, einschließlich uns selbst, umfasst. Die Tatsache, dass die Fruchtfliege nach all den Jahren noch immer so gefragt ist, beweist, dass in vielerlei Hinsicht diese Hoffnungen erfüllt worden sind.

Das Leben der Fruchtfliege als Versuchstier ist so allumfassend, dass dieses Buch als Universalgeschichte von Geburt, Schule, Arbeit, Tod und ein paar Ereignissen dazwischen gelesen werden kann. Ich habe mich in jedem Kapitel an die Biologie der Frucht-

fliege gehalten, um ein weiterführendes Lebensstadium nachzu-
zeichnen und die wichtigsten biologischen Meilensteine auf der
ewigen Schleife von Geburt und Tod herauszupräparieren. Von
der Genetik zur Embryonalentwicklung, vom Lernen zum Sex,
vom Tod des Individuums zur Geburt einer neuen Spezies: die
Fruchtfliege hat uns einen klareren Blick auf unsere biologische
Welt ermöglicht. Vielleicht ist es deshalb an der Zeit, sie ernster zu
nehmen.

Es ist nicht meine Absicht, beim Eintauchen in die letzten
hundert Jahre der Fruchtfliege als Versuchstier einen vollständigen Überblick zu geben. Bei bereits hunderttausend veröffentlichten und täglich neu hinzukommenden Arbeiten müsste man geisteskrank – oder ein Akademiker – sein, um sich auf ein solches
Vorhaben einzulassen. Vielmehr soll das Buch eine Ahnung davon vermitteln, wie ein kurzes Leben dazu beigetragen hat, die
Grenzen unseres biologischen Wissens zu definieren.

Hier geht es um John und Yoko, biologische Ikonen des 20.
Jahrhunderts.

1
Das Vermächtnis eines Lebens

Zwei rote Facettenaugen starrten aus dem drahtigen Bartgestrüpp des Professors heraus. Die Fruchtfliege klammerte sich an der Spitze eines kräftigen, ergrauten Kinnhaars fest, während in ihrem mit Bananenbrei voll gestopften Bauch die Verdauungssäfte ihre chemische Zauberwirkung entfalteten. Nach einer reglos verbrachten halben Stunde begann die Fliege, sich ausgiebig zu putzen. Sie bürstete und streichelte schwer erreichbare Teile ihres Körpers, die eigentlich nicht geputzt, gebürstet und gestreichelt werden mussten.

Jetzt fühlte sie sich schon eher in Fluglaune und hob ab in die Gesichtssphäre von Professor Morgan. Aber statt geradewegs nach oben zu fliegen, trat sie in eine flache, im Uhrzeigersinn verlaufende Umlaufbahn um Morgans Gesicht ein. Zwei einander entgegengesetzte Kräfte hielten die Fliege auf ihrer Bahn. Einerseits rieten die Nervenendigungen in ihrem aufgeblähten Magen ihrem primitiven Gehirn, sich schleunigst davonzumachen. Andererseits aber forderten die sensorischen Zellen an ihren Fühlern eine Rückkehr zu dem Bissen faulender Banane, der sich in den stachligen Bartborsten des Professors verfangen hatte. Diese neuronale Unentschlossenheit sollte sich dann als schwer wiegender Fehler erweisen.

Als die Fruchtfliege ein zweites Mal unter Morgans Nase vorbeiflog, spürte sie einen mächtigen Sog von hinten und verschwand prompt im rechten Nasenloch des Professors. Desorientiert in einem dunklen Dschungel pieksender Nasenhaare und schleimiger Sümpfe, suchte sie verzweifelt nach einem Ausgang. Inzwischen hatte Morgan bereits nach seinem Taschentuch gegriffen. Und als er sich beherzt die Nase schnäuzte, erreichte die Fruchtfliege Überschallgeschwindigkeit. Es war ein schneller Tod, so hingeschmiert auf die Fasern eines weichen Baumwolltaschentuchs mit Karomuster.

Morgan setzte sich und musterte das Durcheinander von Büchern und Flaschen auf seinem Schreibtisch. Aus dem angrenzenden Raum drangen die Gesprächsfetzen selbstbewusster Wissenschaftler durch die offen stehende Tür. Kurz erwog er, sich an dem Streitgespräch zu beteiligen, aber eine Flasche mit einem lockeren Stöpsel erregte seine Aufmerksamkeit, und er langte hinüber, um sie hochzunehmen. Als der Stöpsel wieder fest saß, hielt er die Flasche ans Licht, um die Liliputanerwelt da drinnen besser beobachten zu können. Die Fruchtfliegen gingen ihren täglichen Geschäften nach. Einige versuchten, ihre Nachbarn zu besteigen. Andere waren schon im Koitus ineinander verschlungen. Ein paar Individuen standen allein am Rande des Geschehens, offenbar desillusioniert vom ganzen Paarungsspiel. Morgan staunte darüber, wie die Fruchtfliegen die Außenwelt vergessen zu haben schienen und völlig von ihrem elementaren Ritual in Anspruch genommen waren. Er stellte die Flasche wieder hin, schuf sich etwas Platz und fing an, sein nächstes wichtiges Manuskript in groben Zügen zu skizzieren.

Thomas Hunt Morgan machte die Fruchtfliege berühmt. Zwischen 1910 und 1915 züchtete er mit seinem Forschungsteam an der New Yorker Columbia University Billionen von Fliegen. Für Nichteingeweihte mussten diese boomenden Zuchtstätten wie Experimente in orgastischem Wahnsinn erscheinen. Aber der Wahnsinn hatte Methode. Dieser Zeitraum war für Morgan ebenso produktiv wie für die Fliegen. Im Laufe dieser sechs Jahre formulierten er und sein Team gewissenhaft die Grundlagen der modernen Genetik.

In der Geschichte der Begegnung zwischen Morgan und der Fruchtfliege geht es um zwei Opportunisten. Während der eine groß, schlank, bärtig und besessen war von experimenteller Wissenschaft, war der andere klein und ganz heiß auf experimentellen Sex. Vereint durch ihre gemeinsame ungebrochene Leidenschaft für Produktivität, war es eine Traumehe, die im Himmel geschlossen und im Labor vollzogen wurde.

Auch amerikanische Geschichte spielte eine Rolle bei dieser Begegnung von Mensch und Tier. Durch die Schiffe der Sklavenhändler gelangte die Fruchtfliege an die Küsten der Neuen Welt. Die Sklaverei war ebenfalls Anlass für den Bürgerkrieg, in den Amerika Hals über Kopf hineinstolperte. Und eine politische Folge des Kriegs war das Aufblühen einer akademischen Kultur, in der ein junger, intelligenter und wissbegieriger Geist gedeihen konnte. Morgans Zusammenkunft mit der Fruchtfliege war nicht nur ein glücklicher Zufall, sie war eine schicksalhafte Begegnung, ganz im Sinne großer amerikanischer Tradition. Die Geschichte brachte sie auf Kollisionskurs, der seinen Höhepunkt in ihrem revolutionären Gipfeltreffen im New York der Jahrhundertwende finden sollte.

Der amerikanische Bürgerkrieg war ein Wendepunkt für die amerikanische Biologie. Vor dem Krieg war sie lediglich ein Anhängsel der Theologie gewesen. Der Zweck biologischer Studien lag darin, die Komplexität in Gottes großartiger Schöpfung zu beobachten. Naturhistorische Museen funktionierten als Ersatzkathedralen, die mit Hilfe des reichhaltigen Repertoires göttlicher Gestalt und Form in der Natur die Botschaft des Herrn unter den Gläubigen verbreiteten.

Aber in der unmittelbaren Nachkriegszeit, in einem Klima politischer und kultureller Reformen, orientierten sich amerikanische Akademiker, die auf der Suche nach einer neuen biologischen Philosophie waren, an Europa und speziell an Deutschland. Unter dem Einfluss der neuen Evolutionstheorie von Charles Darwin betrachteten die europäischen Biologen die Natur in einem neuen Licht. Die Biologie befreite sich von ihren theologischen Fesseln, als sich weltliche und utilitaristische Ideen durchsetzten.

Jetzt, da die Naturgeschichte keine fromme Suche nach den Mustern des göttlichen Handwerks mehr war, verwandelte sich die Biologie in ein völlig neues Forschungsgebiet. In den USA folgte man dem europäischen Beispiel, indem man die Biologie aus den Museen herausholte und ihr in neu errichteten akademischen Forschungsstätten ein angemesseneres Zuhause gab. Diese ungewohnte Betonung der Forschung wurde eifrig von reformfreudigen Universitäten wie Johns Hopkins, Harvard, Chicago, Michigan und Cornell übernommen.

Dieser Wandel ließ das Interesse an der Experimentalbiologie neu erwachen. Experimentalbiologen hatten seit dem späten 17. Jahrhundert im Schatten der Mainstream-Biologie gelauert, waren in dunklen, feuchten Kellern herumgeschlichen und hatten Fröschen unaussprechliche Dinge zugefügt. Doch der Einfluss der Experimentierer innerhalb der Biologie war stets von den Naturalisten unterdrückt worden, die ihnen mit Argwohn und Verachtung begegneten.

Die Naturalisten glaubten, dass die Entdeckung biologischer Wahrheiten von sorgfältigen Beobachtungen des Lebens in seinem natürlichen Kontext abhing. Experimente könnten, so lautete ihr Argument, stets nur eingeschränkte und stark vereinfachte Interpretationen der natürlichen Welt hervorbringen.

Aber gegen Ende des 19. Jahrhunderts geriet der Standpunkt der Naturalisten unter Druck und wurde von einer neuen Woge des biologischen Materialismus erfasst. Die Erfindung neuer Techniken ließ die experimentelle Forschung in der Biologie zu einer brauchbaren und praktischen Alternative werden. Zum ersten Mal brachten hoch auflösende Mikroskope und chemische Färbemittel Licht in die innere Architektur von Zellen. Mit speziellen Schneidewerkzeugen wurden präzise Sektionen von Tier- und Pflanzengewebe möglich. Elektrische Apparate sorgten für genaue Messungen physiologischer Veränderungen. Und die im Entstehen begriffene Anästhesie machte die Arbeit mit Tieren einerseits zugänglicher und andererseits menschlich eher akzeptierbar.

In diesem dynamisch progressiven Klima war Morgan Doktorand in Zoologie. Mit zwanzig Jahren schrieb er sich 1886 an der Johns Hopkins University in Baltimore ein, einem der neuen, forschungsorientierten Institute, die nach dem amerikanischen Bürgerkrieg aus dem Boden schossen. Die Wissenschaft des Lebens schien plötzlich so viele neue Aussichten und Möglichkeiten zu bieten. Zwar gab es noch eine Menge Streit und beträchtliche Rivalitäten zwischen konträren biologischen Traditionen, doch zumindest herrschte insgesamt das überwältigende Gefühl vor, die Biologie sei endlich aus ihrer lähmenden Selbstgefälligkeit herausgerissen worden.

Schon sehr früh hatte Morgan sein Interesse für Biologie bekundet, obwohl es, von seiner Herkunft aus gesehen, kaum Anhaltspunkte für eine Forscherkarriere in Biologie gab. Aber er stammte aus einer illustren Familie, was nahe legte, dass er für große Dinge ausersehen war, ganz gleich, welchen Weg er auch einschlagen sollte.

Sein Vater, Charlton Hunt Morgan, war amerikanischer Konsul in Sizilien gewesen und hatte Garibaldis Kampf für die Unabhängigkeit Italiens unterstützt. Sein Onkel, John Hunt Morgan, war während des amerikanischen Bürgerkriegs ein berühmter General und der Anführer einer Guerillatruppe, die unter dem Namen «Morgans Raiders» bekannt waren. John Wesley Hunt, einer seiner Urgroßväter und ein Typ vom Format Richard Bransons, häufte ein Vermögen mit dem Anbau von Hanf, der Zucht von Rennpferden und der Gründung einer Eisenbahnlinie an. Und der vermutlich berühmteste von allen war ein weiterer Urgroßvater Morgans: Francis Scott Key, der Rechtsanwalt und Dichter, der *The Star-spangled Banner* schrieb, den Text der amerikanischen Nationalhymne.

Mit Blick auf seinen späteren beruflichen Aufstieg mutet es schon ironisch an, dass Morgans erste Ausflüge in die biologische Forschung von der naturalistischen Tradition geprägt waren. Das Thema seiner Dissertation – die Klassifikation von Seespinnen – war, sogar am strengen Niveau der Naturgeschichte des 19. Jahrhunderts gemessen, zutiefst langweilig.

Seespinnen an sich sind witzige kleine Geschöpfe. Sie leben auf dem Meeresboden, oft in ziemlich großen Tiefen. Normalerweise befinden sich ihre Keimdrüsen in den Beinen und sind mit der Oberfläche durch eine Vielzahl winziger Poren verbunden. Wenn die Paarungszeit kommt, funktionieren die Beine wie Rasensprenger und spritzen ihre Geschlechtszellen fontänenweise ins Meer.

Unglücklicherweise lagen die besten Happen der Seespinnen-Biologie außerhalb der Zielsetzung von Morgans Untersuchung. Seine Aufgabe bestand darin, die Seespinnen zu klassifizieren und ihren Rang im Baum des Lebens zu bestimmen. Seespinnen haben sowohl mit Spinnen als auch mit Schalentieren, wie etwa Hummern und Krabben, einige Merkmale gemeinsam. Ihre genaue Einordnung war stets ein umstrittenes Thema für die zwei, drei Menschen auf der Welt, die das ernsthaft interessierte. Morgan konzentrierte sich auf die charakteristischen Eigenschaften des Seespinnenembryos. Nach Tausenden von einsam am Mikroskop verbrachten Stunden kam er zu dem Schluss, dass die Seespinnen tatsächlich mehr Spinnen als Krabben waren.

Trotz seiner trockenen deskriptiven Arbeit eröffnete der Aufenthalt an der Johns Hopkins University Morgan ein breites Spektrum biologischer Perspektiven. Innerhalb des Zoologischen Instituts gab es reichlich Gelegenheit, Biologen mit experimentellen Neigungen kennen zu lernen, und durch diese Begegnungen bekam Morgan Lust auf die Experimentalbiologie.

1891 verließ Morgan Johns Hopkins mit seinem Doktortitel in der Tasche und übernahm seine erste Stelle als außerordentlicher Professor für Biologie an der Bryn Mawr University – einem der vielen Frauen-Colleges, die nach Beendigung des amerikanischen Bürgerkriegs in den USA gegründet wurden.

Dort tat er sich mit Jacques Loeb zusammen, einem deutschstämmigen Physiologen mit weitreichenden Kenntnissen in Experimentalbiologie. Loeb hinterließ einen tiefen Eindruck bei seinem jüngeren Kollegen und ermutigte Morgan, europäische Universitäten und Labors aufzusuchen, um wertvolle Erfahrungen auf dem Gebiet neuer Experimentiertechniken und Forschungsmethoden zu sammeln.

Morgan lernte eine Menge von seinen europäischen Spritztouren. Besonderen Spaß machten ihm seine Trips zur Stazione Zoologica, einem Labor für Meeresbiologie in Neapel und einem Mekka für Gastbiologen aus aller Welt. 1896 war sein Enthusiasmus spürbar, als er schrieb:

Hier, am Institut in Neapel, trifft man Menschen aller Nationalitäten. Forscher, Professoren, Privatdozenten, Assistenten und Studenten kommen aus Russland, Deutschland, Österreich, Italien, Holland, England, Belgien, der Schweiz und aus ‹Amerika› – Männer mit unterschiedlichster Denkweise und Ausbildung. Wie bei der Betrachtung eines Kaleidoskops verändert sich die Szene von Monat zu Monat. Niemand kommt umhin, beeindruckt zu sein und eine Menge zu lernen vom Zusammenprall der Gedanken und der Kritik, die aufkommen muss, wenn so viele verschiedene Elemente aufeinander prallen.

Die gelegentlichen Ausflüge nach Neapel machten Morgan das gewaltige Potenzial der Experimentalbiologie deutlich und beeinflussten die Ausrichtung seiner eigenen Forscherkarriere. In den letzten Jahren des 19. Jahrhunderts fächerten sich seine Interessen auf. Schon bald beschäftigte er sich nebenbei mit fast jedem Aspekt der Biologie, der seine Vorstellungskraft anregte, solange er sich mit experimentellen Untersuchungen in Einklang bringen ließ.

Einem speziellen Thema widmete er mehr Zeit als den meisten anderen: der Regeneration, d. h. der Fähigkeit von Tieren, amputierte Teile ihres Körpers nachwachsen zu lassen. Morgan stieß auf das Regenerationsproblem über sein Interesse an der Embryonalentwicklung und betrachtete die beiden Phänomene als zwei Seiten einer Medaille. Die biologischen Signale, die einen Beinstumpf dazu brachten, sich in Knochen, Muskeln und Haut eines regenerierten Körperglieds zu entwickeln, mussten, so glaubte er, denjenigen Signalen ähneln, die den Zellen in einem wachsenden Embryo Anweisungen geben, zu voll ausgebildeten Gliedmaßen zu werden.

Die Fähigkeit, fehlende Körperteile wiederherzustellen, ist unterschiedlich stark ausgebildet und richtet sich nach der Komplexität eines Organismus. Grob gesagt, dies gelingt einfachen Lebewesen besser. Nehmen wir den einfachen Schwamm. Man kann ihn in den Mixer stecken, den Brei in eine Schüssel gießen, und ein paar Tage später hat man einen voll wiederhergestellten Schwamm. Irgendwie gelingt es dem Gewusel der durcheinander geratenen Zellen, sich zu reorganisieren und neu anzuordnen. Der Regenwurm ist als eine etwas komplexere Kreatur schon nicht mehr ganz so flexibel. Dennoch ist für ihn eine Enthauptung nur eine kaum der Rede werte Unannehmlichkeit. Salamander können zwar keinen neuen Kopf nachwachsen lassen, aber dafür fehlende Gliedmaßen und Schwänze regenerieren. Wenn man also die Leiter der biologischen Komplexität erklimmt und bei Vögeln und Säugetieren ankommt, nimmt die Fähigkeit zur Regeneration immer weiter ab. Für uns Menschen bedeutet das Nachwachsen von Haaren, Nägeln und Haut bereits das Ende der Fahnenstange.

Morgan verbrachte den größten Teil seiner Arbeitszeit mit Regenwürmern, weil sie billig und leicht zu züchten waren – was sich nicht unbedingt als ein Vorteil für die Regenwürmer herausstellte. In einem Experiment schnitt er Würmer in zwei Hälften, nähte mit feiner Nadel und Faden die «falschen» Enden behutsam wieder zusammen und schuf so Würmer mit zwei Köpfen oder zwei «Schwänzen».

Er wollte sehen, was geschah, wenn kleine Stücke von den Spitzen dieser modifizierten Würmer abgeschnitten würden. Unter gewöhnlichen Umständen würde sich ein normaler Wurm regenerieren, ganz gleich, welches fehlende Stück abgetrennt worden wäre. Aber würde das Gleiche auf die modifizierten Würmer zutreffen?

Das Experiment erwies sich als problematisch. Morgan bekam Schwierigkeiten mit den doppelköpfigen Würmern. Vielleicht waren seine Nähkünste ja nicht so berauschend, jedenfalls weigerten sich die Köpfe, zusammenzuhalten, sodass jede weitere Manipulation unmöglich wurde. Mit den anderen Hälften hatte er jedoch mehr Glück: Zwei Hinterteile schienen mit ihrer ungewöhnlichen Vereinigung ganz zufrieden zu sein. Trotzdem lebt ein Wurm mit zwei Schwänzen und keinem Kopf nicht allzu lange. Vorsichtig formuliert, unter solchen Umständen wäre ein Kopf ganz nützlich. Aber als Morgan ein Stück von der Spitze des Wurms abschnitt, wuchs ein neuer Schwanz nach.

Vielleicht waren Morgans Experimente ja wirklich verrückt und makaber. Aber die Resultate gaben ihm ein paar wichtige Einblicke in die Beschränkungen, die Ursachen und die Beherrschung der Regenerationsfähigkeit. Die Studie war bezeichnend für den experimentellen Ansatz in der Biologie, der den Mainstream allmählich zu dominieren begann. In den ersten Jahren des 20. Jahrhunderts war die Experimentalbiologie nicht mehr aufzuhalten. Die Naturalisten sahen sich zunehmend beiseite gedrängt, während das Erscheinungsbild der Biologie immer stärker von Versuchen geprägt wurde.

Morgan war nicht mehr nur ein Teilnehmer, sondern ein wichtiger Katalysator in dieser Metamorphose der Biowissenschaft geworden. Seine Einstellungen und Meinungen wurden immer rigoroser. Große Ideen und Theorien, so behauptete er, seien wenig wert, wenn sie nicht durch einen experimentellen Beweis abgesichert seien.

Aber es gab nicht nur Wissenschaft in Bryn Mawr. Im Sommer 1904 heiratete Morgan Lilian Sampson, eine seiner früheren Studentinnen. Ihre Hochzeitsreise verlief recht unorthodox. Es gelang ihnen, den Genuss von Sommerfreuden in Kalifornien mit Forschungsprojekten in Stanford und Berkeley zu verbinden. Über ihre Bettgespräche kann man nur spekulieren. Ob es wohl um Seespinnen ging? Jedenfalls hatten sie keine Hemmungen, ihre eigenen Geschlechtszellen zu verspritzen, wofür später vier Kinder der lebendige Beweis waren.

Mit der Hochzeit kam die Entscheidung, Bryn Mawr zu verlassen. Trotz glücklicher dreizehn Jahre konnte die winzige College-Fakultät Morgan nicht die intellektuelle Vielseitigkeit bieten, nach der er sich sehnte. Außerdem war ein Stellenangebot von der Columbia University in der Weltstadt New York ein viel zu interessantes Angebot, als dass er es hätte ablehnen können.

Sein guter Ruf als Forscher eilte ihm voraus. Er war jetzt ein eifriger Befürworter der Experimentalwissenschaft und ein strenger Kritiker der deskriptiven Diät, auf die er als junger Akademiker gesetzt worden war. Er war wissbegierig, ehrgeizig und mit Leib und Seele bei der Arbeit. Obendrein galt er mit seinen achtunddreißig Jahren als Experimentalbiologe von Weltrang.

Die besten Voraussetzungen also, um die Fruchtfliege kennen zu lernen.

Zur Zeit der Jahrhundertwende expandierte New York im Eiltempo. Täglich legten Schiffe mit Tausenden von Einwanderern aus ganz Europa an, die in eilig hochgezogenen Mietskasernen auf der Lower East Side untergebracht wurden. Durch das enge Aufeinanderhocken sammelten sich riesige Abfallberge an, und in den schwülen Sommermonaten muss der Gestank von der Straße nicht zu ertragen gewesen sein. Dies war das Land der unbegrenzten Möglichkeiten. Für die Fruchtfliege, die in der Stadt ja selbst noch ein relativer Newcomer war, muss es das Paradies auf Erden gewesen sein.

Jahre zuvor war die erste Welle von Fruchtfliegen-Einwanderern in Sklavenschiffen aus Afrika und Südeuropa über den Atlantik gekommen und über die Häfen der Karibik an Land geschwappt. In den siebziger Jahren des 19. Jahrhunderts, als das Land noch unter den unmittelbaren Folgen des amerikanischen

Bürgerkriegs litt, wurden die Fruchtfliegen vom florierenden Handel mit Rum, Zucker, Bananen und anderem Frischobst nordwärts nach Boston, New York, Philadelphia und in andere prosperierende Städte an der Ostküste transportiert.

In den ersten Jahren des 20. Jahrhunderts war die Fruchtfliege nur eines von vielen Tieren, die in den Labors landete. Die explosive Entwicklung in der Experimentalbiologie hatte eine wilde Suche nach Tieren ausgelöst, und kaum jemand stürzte sich mit größerem Eifer darauf als Morgan. In seinen ersten Jahren an der Columbia University studierte er die Geschlechtsbestimmung bei Blattläusen, die Embryonalentwicklung von Fröschen und Kröten, die Regeneration bei Fischen und die Vererbung bei wilden Ratten und Mäusen. Die Fruchtfliegen-Szene betrat Morgan erst relativ spät. Seine erste Begegnung mit der Fruchtfliege hatte er 1907, sieben Jahre nach ihrem Debüt an der Harvard Universität.

Innerhalb dieses Zeitraums hatte sich die Fruchtfliege als verlässliches, wenn auch nicht gerade herausragendes Arbeitstier für das Labor gemausert. Sie wurde viel eher als eine Art Überbrückungsmaßnahme betrachtet, eine provisorische Lösung, ideal für studentische Projekte oder wenn andere, begehrtere Tiere nicht zur Hand waren. Entsprechend behandelte Morgan die Fruchtfliege zunächst, als sie vor der Türschwelle der Columbia University stand.

Morgan hatte gerade einen neuen Studenten, Fernandus Payne, angenommen und suchte nach einem passenden Forschungsprojekt für ihn. Payne erzählte Morgan, er sei an der Evolution der Blindheit bei Höhlen bewohnenden Fischen interessiert, da er sie als potenzielles Beispiel für die Lamarck'sche Evolution betrachte.

Im frühen 19. Jahrhundert hatte der französische Evolutionsbiologe Jean Baptiste Lamarck das Argument vorgebracht, dass sich Organismen entsprechend ihren «Bedürfnissen» entwickelten. Eine veränderte Umwelt – beispielsweise beim Wechsel von einer hellen Umgebung in die Dunkelheit einer Höhle – lasse das Bedürfnis nach Augen überflüssig werden. Lamarck glaubte, Bedürfnisse artikulierten sich durch den Gebrauch oder Nichtgebrauch einer oder mehrerer anatomischer Merkmale. Die durch Einsatz oder mangelnde Benutzung hervorgerufenen körperlichen Veränderungen würden in Sperma und Ei eingeschrieben und an die nächste Generation weitergegeben. Das war dann die so genannte Vererbung erworbener Merkmale. Es war alles ziemlich kompliziert. Und obendrein kompletter Schwachsinn.

Morgan aber dachte anders darüber. Wie Payne war auch er an der Lamarck'schen Evolution interessiert und der Meinung, dass man es auf einen Laborversuch ankommen lassen sollte. Unter Berücksichtigung der begrenzt zur Verfügung stehenden Zeit und des Geldmangels kam eine Laborstudie über eine ausgeflippte und zweifellos extrem neurotische Höhlenfischspezies nicht infrage. Deshalb entschieden sich Morgan und Payne nach ausgiebigen Diskussionen für die Fruchtfliege.

Payne verurteilte neunundvierzig Fruchtfliegengenerationen zu einem Leben in vollständiger Dunkelheit. Als die letzte Fliegengeneration schlaftrunken das Licht des Labors erblickte, überprüfte Payne, ob ihre Augen kleiner geworden waren. Fehlanzeige.

Für Morgan waren die Methoden wichtiger als das Resultat. Die eigenen Erfahrungen mit der Aufzucht der Fruchtfliege im Labor hatten ihn davon überzeugt, dass diese Fliege zu seiner Versuchstierfamilie gehören sollte. Na gut, sie war klein und nicht gerade ein Prestigeobjekt, dafür aber besaß sie Eigenschaften, die hervorragend zu den steigenden Anforderungen eines akademischen Lebensstils passten.

Zu Beginn des 20. Jahrhunderts war Lamarcks Name nur einer von vielen, die in den hitzigen und konfusen Debatten über Evolution und Vererbung erwähnt wurden. Charles Darwin war gekommen und wieder gegangen und hatte seine Spuren überall in der Begriffslandschaft hinterlassen. Gott war erfolgreich aufs Abstellgleis geschoben worden, und die meisten Biologen akzeptierten mittlerweile die Evolution als Tatsache. Aber obwohl Darwin als Wissenschaftler sehr bewundert wurde, hatte nicht jeder die ganze Theorie verdaut. Thema der Diskussion war nicht mehr, ob es die Evolution gebe, sondern wie sie ablaufe. Als Darwin 1882 starb, hinterließ er eine ganze Kolonie von Debattierklubs mit gegensätzlichen Theorien sowie eine zerstrittene Biologengemeinde.

Darwins evolutionäre Hauptthese war einfach und elegant. Tiere und Pflanzen produzieren mehr Nachkommen, als ihre Umwelt verkraften kann. Das führt zum Wettbewerb zwischen Individuen um Nahrung und Lebensraum. Aufgrund kleiner, vererbbarer Unterschiede zwischen den Individuen haben einige von ihnen größere Chancen zu überleben als andere. Die natürliche Auslese siebt in jeder Generation aus der Population von Mitbewerbern die Untauglichen heraus und passt die Individuen an ihre Umwelt an. Es war ein einleuchtendes Argument, aber – wie Darwin selbst einräumte – nicht ganz wasserdicht.

Dass es keine schlüssige Vererbungstheorie gab, erwies sich als Achillesferse. Variation innerhalb einer Art stand außer Frage – jeder konnte es mit bloßem Auge erkennen –, aber wie kam sie zustande, was war ihre materielle Grundlage und wie wurde sie von einer Generation zur nächsten vererbt? Das waren die Fragen, die Charles Darwin in seinem letzten Lebensabschnitt wohl zu schaffen machten.

Selbstverständlich hielt einen das Nichtwissen nicht vom Spekulieren ab. Mitte des 19. Jahrhunderts war für den Intellektuellen die Vererbung lediglich eine Angelegenheit der Vermischung. Die Merkmale eines Menschen stellte man sich als eine Mischung oder den Durchschnittswert aus den im Elternpaar vorhandenen Merkmalen vor. Wandte man diese Vorstellung nur auf das Aussehen an, schien etwas Wahres dran zu sein. Ein großer Vater und eine kleinwüchsige Mutter brachten unweigerlich Kinder mittlerer Größe hervor.

Es gab augenfällige Ausnahmen von der Vermischungsidee. Selbst die Viktorianer, die ihre Geschlechtsteile unter einem Dutzend Schichten von Unterwäsche versteckten, wussten, dass niemand nur einen halben Penis erbte. Aber Entweder-oder-Fälle von Vererbung, in denen ein Kind also entweder die Gesichtszüge der Mutter oder die des Vaters erbte statt eine Mischung aus beiden, wurden als Ausnahme von der Regel betrachtet.

Wenn es um einen der Vererbung durch Vermischung zugrunde liegenden Mechanismus ging, zauberte Darwin selbst eine ziemlich obskure Theorie aus dem Hut, die er «Pangenesis» nannte. Darwin stellte sich vor, dass jeder Körperteil eine miniaturisierte Version von sich selbst herstellte, «Gemmula» genannt, die über den Blutkreislauf in die Fortpflanzungsorgane transportiert wurde. Durch den Geschlechtsverkehr würden die Gemmulae beider Eltern im Nachkommen vereinigt. Die Gemmulae würden sich daraufhin vervielfältigen und ausgewachsene Versionen genau der Gewebe und Organe bilden, von denen sie abstammten.

Darwin setzte große Hoffnungen auf seine «Pangenesis-Theorie». 1867 schrieb er in einem Brief an den amerikanischen Botaniker Asa Gray:

> Das Capitel über das, was ich Pangenesis nenne, wird ein verrückter Traum genannt werden … aber im Grunde meiner Seele glaube ich, dass es eine große Wahrheit enthält.

Es war in der Tat ein verrückter Traum. Ironischerweise war es Darwins eigener Cousin, Francis Galton, der die Totenglocken für die Pangenesis-Theorie läutete. Galton war zu unterschiedlichen Zeiten als Forschungsreisender, Wissenschaftler, Erfinder und Berufsrassist tätig. Manchmal übte er alle vier Tätigkeiten gleichzeitig aus. Außerdem leistete er sich regelmäßige Abstecher in die Randgebiete des Wahnsinns. Zu seinen Erfindungen gehörte ein Hut, dessen Deckel mit einem Scharnier versehen war. Wenn man ein Gummibällchen drückte, ließ er sich nach oben verstellen. Galton glaubte, dass diese Vorrichtung für die notwendige Frischluftzufuhr sorgte, die sein auf Hochtouren laufendes Gehirn vor Überhitzung schützen sollte.

Schon etwas bedenklicher schien Galtons Besessenheit, alles nur erdenklich Mögliche zu quantifizieren. Es kam vor, dass er Drucksensoren unter den Stühlen von Dinnergästen anbrachte, um deren Körperbewegungen aufzuzeichnen. Einmal führte er eine statistische Analyse der Wirksamkeit von Gebeten durch, um herauszufinden, ob häufiges Beten das Leben verlängern könne. (Seine Schlussfolgerung, dass fromme Menschen angeblich früher starben als weniger Hingebungsvolle, war merkwürdigerweise beruhigend.) Er entwarf auch eine Schönheitskarte der Britischen Inseln, die auf der Schätzung der Anzahl schöner, unscheinbarer und hässlicher Frauen beruhte, die er auf den Straßen verschiedener englischer Städte sah: «Was die Schönheit betrifft, stufe ich London am höchsten ein, während Aberdeen das Schlusslicht ist.»

Das war aber längst noch nicht alles. Er tüftelte eine Methode aus, um den Langeweilegrad eines Publikums festzulegen. Dazu ermittelte er aus dem Zappeln der Zuhörer einen Durchschnittswert der Unruhe. Er entwickelte komplexe mathematische Formeln zur Berechnung des korrekten Tagesbedarfs an Tee, die auf solch entscheidenden Faktoren wie Wassermenge, Wassertemperatur und Brühzeit beruhten. Und wenn er zwischendurch einmal genügend Zeit fand, um für sein Porträt Modell zu sitzen, notierte er die Zahl der Pinselstriche. Das Ergebnis wurde 1905 in einer Ausgabe der Zeitschrift *Nature* unter der Überschrift «Anzahl der Pinselstriche in einem Bild» veröffentlicht.

So musste es in einem seiner lichteren Momente geschehen sein, dass Galton ein einfaches und geniales Experiment durchführte, um die Darwin'sche Pangenesis-Theorie zu überprüfen. Galton übertrug das Blut brauner Kaninchen in reinrassige «silbergraue» Kaninchen. Er argumentierte, dass, falls es eine Gemmula für braune Fellfarbe gäbe, diese mit dem Blut der braunen in die silbergrauen Kaninchen gelangte und in der nächsten Generation zum Vorschein käme. Wenig später tummelten sich ganze Heerscharen silbergrauer Kaninchen in Galtons Haus.

Obwohl die Pangenesis-These damit erledigt war, verteidigte Darwin hartnäckig seine Lieblingstheorie und wandte ein, dass Galtons Experiment nicht wirklich überzeugend sei. Für Darwin musste diese öffentliche Kritik aus dem Mund eines Verwandten, und ausgerechnet dieses völlig übergeschnappten Cousins, unerträglich gewesen sein.

Nachdem Pangenesis durch das Abflussloch der Geschichte gesickert war, musste Darwin mit anderen Sorgen fertig werden. Etliche Kritiker hatten einen grundlegenden Widerspruch zwischen der Vererbung durch Vermischung und seiner Evolutionstheorie aufgedeckt. Evolution durch natürliche Selektion hing von der Existenz der Variation ab – den vererbbaren Unterschieden zwischen Individuen. Wenn aber Vererbung durch Vermischung die Norm war, müsste jede nachfolgende Generation eine fortschreitende Abschwächung der Variation innerhalb einer Population erleben. Demnach müssten sich ganz allmählich alle Unterschiede aufheben, bis alle Individuen gleich aussähen. Gäbe es aber keine Variation, könne es auch keinen Ursprung der Arten geben.

Darwin fühlte sich von der Kritik in die Enge getrieben. Er

konnte sich keine Alternative zur Vererbung durch Vermischung vorstellen. Aber genauso wenig wollte er die natürliche Selektion fallen lassen. Um also dieses Paradoxon zu lösen, griff er auf die Lamarck'sche Vererbung erworbener Merkmale zurück. Wenn durch Gebrauch und Nichtanwendung herbeigeführte körperliche Veränderungen in der Keimbahn festgeschrieben und an die nächste Generation weitergegeben würden, könnte die Lamarck'sche Vererbung eine Quelle erblicher Erneuerung sein. Darwin glaubte, dass die Lamarck'sche Vererbung in der Lage war, dem Vermischungsprinzip entgegenzuwirken und die Variation aufrechtzuerhalten – eine wichtige Voraussetzung für das Funktionieren der natürlichen Auslese. Wenn Vermischung also mit einer kontinuierlichen Auszehrung der Variation einherginge, würden die Lamarck'schen Veränderungen dieses Manko schon wieder wettmachen.

Einer von Darwins Kritikern war St. George Mivart. Er hatte 1871 den viel beachteten Angriff auf den Darwinismus veröffentlicht, der bis heute ein Mantra der Kreationisten geblieben ist. Mivarts Argumentation lief darauf hinaus, dass komplexe Strukturen – hier diente das Auge als klassisches Beispiel – nur in ihrer vollständigen Form von adaptivem Vorteil seien. Die Funktionsfähigkeit eines Auges hängt von einer Menge zusammenwirkender Einzelheiten ab: Linse, Netzhaut, Muskeln, Nerven und so weiter. Dennoch bestand die von Darwin geprägte Theorie der natürlichen Selektion darauf, dass sich das Auge durch mehrere Anfangsstadien hindurch allmählich entwickelt haben müsse. Mivart fragte sich, ob diese Wachstumsstadien irgendeinen adaptiven Wert gehabt haben könnten. Ein Auge war zwar nützlich, aber Mivart konnte nicht einsehen, warum ein «halbes» Auge womöglich besser war als überhaupt keines.

Damit war Darwin nicht einverstanden und machte deutlich, dass die natürliche Selektion jegliche individuelle Variation bevorzuge, und sei sie noch so geringfügig, vorausgesetzt sie verlieh ihrem Träger einen Vorteil gegenüber den Konkurrenten. Selbst ein primitives Auge – beispielsweise eine einzelne lichtempfindliche Zelle – könnte ein Tier dazu befähigen, ein sich anschleichendes Raubtier wahrzunehmen, wodurch es sich einen Vorteil im Existenzkampf verschaffte.

Nicht alle waren von der Schlüssigkeit der Darwin'schen Argumentation überzeugt. Viele Jahre später griff Morgan die Kritik Mivarts auf und wandte sie auf seine eigene Arbeit über die Regeneration bei Regenwürmern an. Morgan bezweifelte ernsthaft, dass die Fähigkeit zur Regeneration sich allmählich durch mehrere kleine Zugewinne entwickelt haben könnte. Welchen Nutzen, so fragte er, sollte wohl der Ersatz etwa einer halben Gliedmaße haben? Das Regenerationsvermögen, so führte Morgan aus, sei nur dann sinnvoll, wenn ein Körperteil komplett wiederhergestellt werden könnte. Er glaubte, dass diese Befähigung in einem einzigen enormen Evolutionsschub entstanden sein musste.

Morgan stand nicht allein da mit seiner antidarwinistischen Kritik. Viele seiner Kollegen hegten tiefes Misstrauen gegenüber dem Darwinismus. Das Thema wurde inzwischen mit den alten Methoden der Naturalisten in Verbindung gebracht, deren man überdrüssig geworden war. Für die jüngere Generation der Experimentalisten gab es einen neuen Anwärter für die Thronfolge im Reich der Evolutionstheorie, den niederländischen Botaniker Hugo de Vries.

De Vries stellte seine grandiose evolutionäre Vision in dem Buch *Die Mutationstheorie* vor, das erstmals zwischen 1901 und 1903 veröffentlicht wurde. Wer jemals durch die Niederlande gefahren ist und sich über den Mangel an Bäumen gewundert hat, täte gut daran, sich die Auswirkung dieses enzyklopädischen Werks auf die Umwelt bewusst zu machen. Da *Die Mutationstheorie* mehr Details enthielt, als unbedingt erforderlich waren, kam das Buch in zwei voluminösen Bänden daher, die jedes Bücherregalbrett durchhängen ließen.

Die Wurzeln der de Vries'schen Mutationstheorie können bis zu einem Ausflug zurückverfolgt werden, den er in den frühen 1890er Jahren machte und der ihn in die Wiesen und Felder am Stadtrand von Amsterdam führte. Während seines Spaziergangs stieß er auf drei Pflanzen, die dicht nebeneinander standen und aussahen wie drei ganz unterschiedliche Varietäten der Nachtkerze Oenothera. De Vries war sich sicher, dass eine der Varietäten das Elternteil der anderen beiden war. Doch die Unterschiede zwischen den einzelnen Pflanzen schienen weitaus größer zu sein als die geringfügigen Variationen, von denen Darwin gesprochen hatte. Tatsächlich waren die Pflanzen so sehr voneinander verschieden, dass de Vries drei unterschiedliche Spezies vor sich zu haben glaubte – Spezies, die nicht durch die langwierige und allmähliche Ansammlung geringfügiger Unterschiede, sondern spontan durch einen einzigen großen Sprung entstanden waren. De Vries nannte diese Sprünge «Mutationen», wobei man bedenken muss, dass mit diesem Wort heutzutage jede genetische Veränderung bezeichnet wird, ganz gleich, ob sie groß oder klein ist.

De Vries betrachtete die Nachtkerzen nicht als Ausnahme, sondern als Schlüssel zu einem neuen Ansatz in der Evolutionstheorie. Er war der Ansicht, dass die kleinmaßstäblichen Unterschiede zwischen Individuen – der Motor der Darwin'schen Evolution – nichts mit dem Ursprung der Arten zu tun hatten. Für de Vries waren neue Arten das Produkt enormer evolutionärer Sprünge. Aber er tat Darwins Ideen nicht völlig ab. Auch bei ihm pickte sich die natürliche Selektion die Rosinen heraus. Dazu bediente sie sich allerdings einer bunten Mischung handfester Mutanten und nicht etwa flüchtiger individueller Variationen.

De Vries vertrat den Standpunkt, dass ein neuer Mutant sich nicht zusammen mit seinen Eltern fortpflanzen könne. Das war zwar die Lösung für das Problem der durch Vermischung verschwindenden Variation, aber es warf neue Probleme auf. In Wirklichkeit brächte eine De-Vries-Mutation einen sexuellen Außenseiter hervor. Ohne einen Sexualpartner war der neue Mutant zu einem einsamen Leben in einer evolutionären Sackgasse verurteilt. Um diesem Problem zu begegnen, stellte de Vries die Idee eines «Mutationszeitraums» vor – das plötzliche Auftauchen von Mutationen, in dem dieselbe Mutation in mehreren Individuen gleichzeitig entstehen konnte. De Vries zufolge wurden diese Mutationsperioden durch exzessive Hitze, Kälte und andere extreme Umweltbedingungen hervorgerufen.

Die Mutationstheorie war vor allem deshalb populär, weil sie viele der immer wiederkehrenden Kritikpunkte zu umgehen schien, die auf den Darwinismus abzielten. Sie ging dem Vermischungsproblem elegant aus dem Weg und stimmte in Mivarts Zweifel am adaptiven Wert von Anfangsstadien ein. Mit De-Vries-Mutationen gab es keine Anfangsstadien. Das Wichtigste dabei war jedoch – zumindest für Morgan –, dass die Mutationstheorie Wege für experimentelle Untersuchungen zu eröffnen schien. Eine von Morgans Dauerbeschwerden über den Darwinismus war dessen griesgrämiges Zaudern, sich Experimenten zu stellen. Darwin stellte sich die Evolution als einen langsamen, weitläufigen Prozess vor, in dessen Verlauf ein wahrnehmbarer Wandel in Zeiträumen stattfand, die die menschliche Lebensspanne bei weitem übertrafen. Fast schien es, als hätte Darwin seine Theorie absichtlich so formuliert, dass sie nicht überprüft werden konnte. Für die Naturalisten war das natürlich kein Thema, denn für sie galt die Spekulation in der Wissenschaft als die Norm. Aber für eingefleischte Experimentatoren wie Morgan war es Häresie. Deshalb wirkten de Vries' Beiträge zur Evolutionstheorie auf ihn wie erste Wegweiser aus der empirischen Wüste heraus.

Morgan war begierig darauf, die Mutationsperiode im Labor

zu simulieren. Zuvor aber mussten gewisse experimentelle Hindernisse berücksichtigt werden. Selbst im Rahmen von Mutationsperioden schienen Mutationen relativ seltene Ereignisse zu sein. Um also überhaupt irgendeine Chance zu haben, einen Mutanten im Labor künstlich hervorzurufen, geschweige denn, auch wirklich einen zu finden, würde sich Morgan eine Menge Individuen ansehen müssen. Er brauchte etwas Kleines, Billiges und Fruchtbares, einen sachlich-nüchternen Organismus, dessen einziger Daseinsgrund darin bestand, weitere sachlich-nüchterne Organismen in null Komma nichts zu produzieren. Die Fruchtfliege war wie geschaffen für eine solche Aufgabe.

Um extreme Umweltbedingungen zu simulieren, setzte Morgan die Fruchtfliege einer Flut von Misshandlungen aus. Die Fliegen bekamen Säuren und Laugen in die Keimdrüsen injiziert; sie wurden derart schnell in einer Zentrifuge geschleudert, dass ihnen Hören und Sehen verging, und manchmal wurden sie tagelang in Öfen und Kühlschränke gesteckt. Aber es war alles vergebens. Für Morgan waren die Experimente ein Fehlschlag und für die Fruchtfliege eine einzige Tortur. Welche Methoden er auch anwandte, er konnte keine De-Vries-Mutation hervorrufen. Die Mutationsperiode verwandelte sich in eine Warteperiode.

Während Morgan darauf wartete, dass mit seinen Fliegen etwas passierte, mischte eine neue biologische Mode – die Mendel-Manie – die akademische Szene auf. Zwar war der Mann, der hinter der ganzen Aufregung stand, bereits tot; aber seine Gedanken zur Vererbung, exhumiert und vom Staub befreit, eroberten in einem Handstreich die Biologengemeinde.

Als Mendel noch lebte, nahm niemand Notiz von ihm. 1884 starb er als unbekannter österreichischer Mönch. Dabei hätte alles ganz anders gewesen sein können. 1866 hatte er, nur sieben Jahre nach der Veröffentlichung von Darwins Buch *Die Entstehung der Arten*, eine bescheidene kleine Arbeit über Zuchtexperimente mit Erbsenpflanzen geschrieben, in der er ein paar neue Ideen über Vererbung skizzierte.

Mendel hatte nichts von einem Billy Graham. Ein klösterlicher Lebensstil und bescheidenes Auftreten sorgten dafür, dass er nicht als Weltreisender taugte, der von einem Vortrag zum nächsten eilte, um seine neue Vision zur Vererbung zu predigen. Und selbst wenn er ein wenig weltgewandter gewesen wäre, ist es fraglich, ob jemand zugehört hätte. Mendels Ideen waren ihrer Zeit weit voraus und völlig über Kreuz mit dem vorherrschenden Konsens über Vererbung.

Doch im Jahr 1900 tauchten seine Vererbungsideen wieder auf, als einige Biologen endlich begriffen, worum es in seiner Untersuchung von 1866 ging. Die Publicity, die mit der «Wiederentdeckung» einherging, brachte etliche Biologen dazu, ihre aktuelle Arbeit aufzugeben und nach ähnlichen Erbmustern in anderen Spezies zu suchen.

Es war Mendels Geniestreich gewesen, die Dinge zu vereinfachen. So hatte er seine Studien auf die Vererbung von Merkmalen beschränkt, die im Entweder-oder-Stil variierten. Erbsenpflanzen waren entweder groß oder klein; die Erbsen selbst waren entweder glatt oder verschrumpelt, gelb oder grün und so weiter. Nach jahrelangem Studium begann er regelmäßige Muster in der Art und Weise zu entdecken, wie diese Merkmale an die nachfolgenden Generationen weitergegeben wurden. Darüber hinaus war er in der Lage, diese Erbmuster in Begriffen physikalischer Phänomene zu interpretieren. Die Details hinter Mendels Gedanken sind erwähnenswert, aber allzu häufig gehen die Erklärungen dazu in der Langweiligkeit eines Lehrbuchs unter. Deshalb möchte ich sie mit Hilfe einer Analogie illustrieren. Stellen Sie sich statt einer Reihe Erbsenpflanzen in Mendels Klostergarten eine Reihe Einzelhäuser in einer Straße am Stadtrand vor. Die Nördliche Mendelstraße ist eine ungewöhnliche Straße, weil die Merkmale eines jeden Hauses, ähnlich den Merkmalen der Mendel'schen Erbsenpflanzen, im Entweder-oder-Stil variieren. Die Eingangstüren sind entweder schwarz oder weiß, die Fenster entweder rechteckig oder rund, die Dächer flach oder geneigt, die Schornsteine groß oder klein, und so weiter.

In dieser abstrakten Welt wird jedes Merkmal durch ein Paar «Instruktionen» chiffriert. Diese Anweisungen in einem Paar könnten die gleichen oder verschiedene sein. Beide Instruktionen könnten zum Beispiel «schwarze Tür» oder auch «weiße Tür» heißen. Als Alternative kämen gegensätzliche Instruktionen infrage – eine könnte «schwarze Tür», die andere «weiße Tür» heißen; unter diesen Voraussetzungen würde die Farbe der Tür durch eine Art interne Hierarchie zwischen den Instruktionen entschieden. Eine «dominante» Instruktion würde sich gegen die ihres «rezessiven» Partners durchsetzen. Wenn beispielsweise «schwarze Tür» dominant gegenüber der «weißen Tür» ist, dann wäre eine schwarze Eingangstür das Ergebnis der Paarung zwischen einer «schwarzen» und einer «weißen» Instruktion.

Mendel stellte sich vor, dass jede Instruktion in einer teilchenähnlichen Form, wie etwa einem Glückskeks, auftrete. Sie sei ein eigenes Wesen, das sich nicht mit seinem Partner vermischen könne, und würde unverändert von einer Generation zur nächsten weitergegeben. Die beiden Instruktionen in einem Paar würden während der Bildung der Geschlechtszellen – Spermien und Eizellen – getrennt werden, sodass eine Geschlechtszelle zum Träger einer der beiden im Elternteil vorhandenen Instruktionen werden würde. Besäße das Elternteil zwei identische Instruktionen, trügen alle Geschlechtszellen die gleiche Instruktion. Hätte das Elternteil zwei verschiedene Instruktionen, würde die Hälfte der

Geschlechtszellen die eine Instruktion und die andere Hälfte die zweite Instruktion tragen. Wenn bei der Befruchtung Samen- und Eizelle verschmelzen, würde sich eine Instruktion von einem Elternteil mit der des anderen verbinden, um eine neue Partnerschaft einzugehen.

Stellen Sie sich also vor, dass zwei Häuser an unserer Stadtrandstraße sich ineinander verlieben und sich paaren, um zu einem Doppelhaus zu werden. Eines der Häuser hat eine schwarze Tür (wobei beide Instruktionen «schwarze Tür» heißen) und das andere eine weiße Tür (mit zwei «Weiße-Tür»-Instruktionen). Die beiden Häuser paaren sich und bringen eine neue Straße mit Häusern hervor – die Südliche Mendelstraße. Welche Farbe werden die Eingangstüren haben? Alle Häuser auf der Südlichen Mendelstraße werden eine «schwarze» Instruktion des einen Elternteils und eine «weiße» Instruktion vom anderen geerbt haben. Da Schwarz «dominant» gegenüber Weiß ist, werden alle Türen schwarz sein. Das *Merkmal* «weiße Tür» wird verschwunden sein, nicht aber die entsprechende Instruktion.

Was aber würde geschehen, wenn zwei dieser neuen Häuser es aufs Neue versuchten, Schornstein an Brüstung sozusagen, und eine zweite Straße junger Häuser – die Östliche Mendelstraße – in die Welt setzten? Natürlich wären die Grünen gar nicht glücklich über das Tempo der städtebaulichen Entwicklung. Viel wichtiger aber wäre die Frage, wie die Eingangstüren aussähen.

Jedes Haus auf der Südlichen Mendelstraße trägt sowohl eine Instruktion «schwarze Tür» als auch eine Instruktion «weiße Tür». Um festzustellen, welche dieser Instruktionen von jedem Elternteil ein neues Haus auf der Östlichen Mendelstraße erbt, könnte man eigentlich gleich eine Münze werfen und sehen, ob Kopf oder Zahl gewinnt. Betrachtet man die Östliche Mendelstraße als Ganzes, könnte man im Durchschnitt erwarten, dass ein Viertel der Häuser zwei «weiße» Instruktionen, ein Viertel zwei «schwarze» Instruktionen und die Hälfte je eine «schwarze» und eine «weiße» Instruktion erbten. Mit anderen Worten: In der Östlichen Mendelstraße käme auf drei Häuser mit schwarzen Türen ein Haus mit einer weißen Tür. Dieses Drei-zu-eins-Verhältnis wurde zum Erkennungsmerkmal der Mendel'schen Vererbungslehre.

Als Mendels Ideen 1866 zum ersten Mal auftauchten, sah es so aus, als seien sie für die wirkliche Welt genauso realistisch wie etwa Sex zwischen zwei Häusern. Obwohl sein Vererbungsschema insgesamt recht elegant und ordentlich aussah, gab es keine unmittelbaren materiellen Anhaltspunkte, die diese These stützen konnten. In den 1860er Jahren war die ganze mikroskopische Welt noch von einem Geheimnis umgeben. Die Technologie für den Blick in das Innere der Zelle war noch nicht verfügbar, ganz zu schweigen von der Möglichkeit, Mendels hypothetische Teilchen aufzuspüren.

Aber im Verlauf der achtziger Jahre hob sich allmählich der Schleier der Unkenntnis. Mit den Fortschritten im Mikroskopdesign und der Anwendung anspruchsvoller chemischer Färbemittel, die man von der boomenden Textilindustrie übernahm, veränderte sich auch das Bild von der Zelle. Eine durchsichtige, eigenschaftslose Wüste verwandelte sich in eine Landschaft aus bonbonfarbenen Formen und Konturen. Die Zelle hatte eine ganz charakteristische innere Anatomie, komplettiert durch die mikroskopische Wiedergabe von Organen und Geweben.

Die langen Linsen des Mikroskops brachten zwei ganz unterschiedliche Welten zusammen: eine menschliche und vertraute sowie eine fremdartige und mikroskopische. Wer durch das Okular schaute, ließ sich auf eine biologische Peepshow ein und betrat den surrealen und intimen Bereich des zellulären Theaters. Und hier, im Zentrum der Bühne, im tiefsten Inneren der Zelle, waren die Mitwirkenden und Darsteller satt eingefärbte, wurmartige Strukturen. Die Biologen nannten sie Chromosomen.

Zur Jahrhundertwende handelten viele Biologen die Chromosomen als aussichtsreiche Kandidaten für die Träger der Erbsubstanz. Es sah so aus, als verliehen sie Mendels hypothetischen Partikeln eine echte materielle Grundlage. Sie traten paarweise in Erscheinung, wobei Vater und Mutter die gleichen Anteile für beide beisteuerten. Und während der Bildung von Samen- und Eizellen trennte sich jedes Chromosom innerhalb eines Paares.

Auch Walter Sutton, einem graduierten Studenten an der Columbia University, war diese Übereinstimmung aufgefallen. 1902 schrieb er:

> Schließlich möchte ich die Aufmerksamkeit auf die Möglichkeit lenken, dass die paarweise Verbindung väterlicher und mütterlicher Chromosomen und ihre nachfolgende Trennung die physikalische Grundlage des Mendel'schen Erbgesetzes darstellen könnte.

Vielleicht befürchtete er ja, dass es nach einer solch wichtigen Einsicht mit seiner Karriere nur noch bergab gehen konnte. Jedenfalls gab er sofort die biologische Forschung auf und wurde Chirurg.

Trotz des Mangels an schlüssigen Beweisen gab es eindeutige Impulse für die Biologie, sich auf die Chromosomen und auf Mendel zuzubewegen. Das Vererbungsvokabular passte sich an die genaueren Ausführungen der Mendel'schen Theorie an. 1909 wurden Mendels Partikel von dem dänischen Biologen Wilhelm Johannsen in «Gene» umbenannt, und das Studienfach hieß fortan Genetik.

Unterdessen verharrte Morgan in Verweigerungshaltung. In seinen ersten Jahren an der Columbia University hatte er aus reiner Routine die Mendel'schen Erbgesetze und die chromosomale Grundlage der Vererbung als Blödsinn abqualifiziert. Seine anfängliche Zurückhaltung war völlig vorhersehbar. Morgans Ansicht nach war das Mendel'sche Vererbungsschema rein symbolisch aufzufassen und nichts als graue Theorie, eine abstrakte Kopfgeburt mit ungenügender sachlicher Grundlage. Und genau das mochte er am allerwenigsten im Wissenschaftsbetrieb.

Hinzu kam noch: Morgan konnte nicht akzeptieren, dass die von Mendel untersuchten einfachen Entweder-oder-Merkmale gewisse Ähnlichkeiten mit der Variation in der Natur aufweisen sollten, wo doch die Beweise auf viel komplexere Beziehungen hindeuteten. Aus Morgans Blickwinkel war die Mendel'sche Wohnsiedlung eine Scheinwelt. Denn in der Wirklichkeit waren die Eingangstüren nicht nur schwarz oder weiß, sondern eben auch rot, blau, grün, gelb und alle Farbnuancen dazwischen. 1909 fasste er seine Gefühle vor der den Mendel'schen Ideen überwiegend aufgeschlossen eingestellten Zuhörerschaft der American Breeders Association (amerikanische Züchtergesellschaft) in St. Louis zusammen:

> Ich stelle fest, wie nützlich es für uns gewesen ist, dass wir in der Lage waren, unsere Ergebnisse unter ein paar einfachen Annahmen zu subsumieren, dennoch fürchte ich, dass wir dabei sind, eine Art Mendel'sches Ritual zu entwickeln, mit dessen Hilfe wir die außergewöhnlichen Fakten alternativer Vererbung erklären können.

Wenn es um die angebliche Beteiligung der Chromosomen bei der Vererbung ging, spielte Morgan gern die Rolle des unübertrefflichen wissenschaftlichen Spielverderbers, der begierig war, nahezu jedes Indiz für diese Theorie in sein Gegenteil umzukehren. Zu Beginn des 20. Jahrhunderts hatte der deutsche Biologe

Theodor Boveri zwei aussagekräftige Anhaltspunkte zur Unterstützung der Chromosomentheorie gefunden. In einem Experiment zeigte Boveri, dass ein vollständiger Chromosomensatz für die normale Entwicklung eines Seeigelembryos erforderlich war. Und in einem anderen Versuch führte er vor, dass die Chromosomen des Spulwurms *Ascaris* eine physische Integrität besitzen, die von einer Zellgeneration zur nächsten bestehen bleibt.

Beobachtete man jedoch sich teilende Zellen in anderen Spezies, erhielt man den Eindruck, dass die Chromosomen ihren ganz eigenen Entfesselungstrick vollführten. Während der Zellteilung erschienen die Chromosomen so hell wie der Tag. Wenn aber die Zellteilung vorüber war, schienen sie sich aufzulösen, nur um sich auf geheimnisvolle Weise wie Wolken am Himmel neu zu bilden, wenn die Zeit gekommen war, sich wieder zu teilen. In Morgans Augen waren Chromosomen viel zu sprunghaft, um substanziell mit der Vererbung zu tun haben zu können. 1906 schrieb er seinem Freund Hans Driesch: «Ich bin froh, dass du Boveris Experiment überprüfst. Ich bin gegenüber diesem Thema immer äußerst skeptisch gewesen, aber bis alles aufgeklärt ist, wird die Chromosomenfraktion es überzeugend finden.»

Aber es tauchten immer mehr Anhaltspunkte zugunsten von Suttons prophetischem Urteil über die chromosomale Grundlage der Vererbung auf. Einige Biologen hatten beispielsweise einen überraschenden und folgerichtigen Unterschied zwischen den Chromosomen von Männchen und Weibchen entdeckt – einen Unterschied, der sich auf ein einziges Chromosomenpaar belief.

In den frühen 1890er Jahren raunten die Biologen etwas über ein Chromosom, dem ein Partner zu fehlen schien. Wegen seiner rätselhaften Natur wurde dieser Einzelgänger unter den Chromosomen das «X»-Chromosom genannt. Jahre später kam dann doch noch ein viel kleinerer, unscheinbarer, etwas kurz geratener Partner für das X-Chromosom zum Vorschein, das man «Y»-

Chromosom taufte. Es sah so aus, als hätten nur Männchen diese unpassend anmutende Paarung von X- und Y-Chromosom. Dieses Muster in den so genannten Geschlechtschromosomen – XY bei Männchen, XX bei Weibchen – wurde erstmals bei Käfern festgestellt und später bei Grashüpfern, Fliegen und vielen anderen Tieren bestätigt. Es war anscheinend der erste direkte Beweis, der die Vererbung – in diesem Fall die Vererbung des Geschlechts – mit Chromosomen in Verbindung brachte.

Der Beweis schien wasserdicht zu sein, bis die Chromosomen von Vögeln und Schmetterlingen unter das Scheinwerferlicht des Mikroskops gerieten. Bei diesen Tieren war der Unterschied zwischen Männchen und Weibchen das genaue Gegenteil dessen, was man bisher gesehen hatte: Es waren die Weibchen und nicht etwa die Männchen, deren Chromosomen nicht zusammenpassten. Die Geschlechtsbestimmung erwies sich als komplizierter als erwartet.

Jetzt brauchte man einen Visionär in Sachen Vererbung, der in dem ganzen Durcheinander einen Sinn sah, einen Genetik-Guru, der die konfusen Massen ins Gelobte Land führen konnte. Auf den ersten Blick schien Morgan nicht gerade für diese anspruchsvolle Rolle auserkoren zu sein. Tatsächlich fiel es schwer, sich jemanden vorzustellen, der weniger geeignet war, diese Herausforderung anzunehmen. Allerdings zeichnete sich Morgan durch seine Unabhängigkeit aus. Seine wissenschaftlichen Ansichten konnten sich mit den Jahreszeiten ändern. Es kam lediglich auf die Aussagekraft der experimentellen Indizien auf seinem Labortisch an.

An einem Wintertag zu Beginn des Jahres 1910 musterte Morgan routinemäßig seine Fruchtfliegen. Seine Bestände waren gewachsen – er besaß jetzt eine ansehnliche Sammlung –, aber es gab keinen Grund anzunehmen, dass dieser Tag anders sein sollte als jeder andere. Es lag möglicherweise sogar ein Anflug von Ernüchterung in der Luft. Morgan hatte mehr oder weniger die Hoffnung aufgegeben, jemals eine der flüchtigen De-Vries-Mutationen zu finden, und dachte schon über andere Projekte nach.

Doch an diesem Tag entdeckte er etwas Ungewöhnliches in einer der Flaschen. Da er begierig war, etwas näher hinzusehen, betäubte er die Fruchtfliegen mit einer ordentlichen Ätherwolke, bevor er den Inhalt der Flasche auf seinen Schreibtisch schüttete. Vorsichtig fingerte er sich durch die dösenden, zarten Körper hindurch und trennte die seltsam aussehende Fliege von den anderen.

Morgan holte seine Lupe hervor und fing an, das winzige Insekt vor ihm genauer zu untersuchen. Es war ein Männchen – das sagte ihm der dicke Melaninfleck an der Spitze des Hinterteils. Aber der Kopf erregte seine Aufmerksamkeit. Als er ihn im Brennpunkt hatte, sprangen ihm zwei weiße, ausdruckslose Augen durch das dicke Glas der Lupe entgegen.

Bisher hatte Morgan nur Fruchtfliegen mit roten Augen gesehen. Die weißäugige Fliege war offensichtlich ein neuer Mutant. Aber es war kaum die Art Mutant, die sich de Vries vorgestellt hatte. Abgesehen von der unterschiedlichen Augenfarbe, gehörte diese Fliege mit ziemlicher Sicherheit zur selben Spezies wie all die anderen Fruchtfliegen. Die Mutation sah eher so aus wie eine dieser einfachen, kleinmaßstäblichen Veränderungen, über die Darwin gesprochen hatte.

Morgan beschloss, sein weißäugiges Männchen mit einem normalen rotäugigen Weibchen zu paaren. Zu seiner Erleichterung kamen die beiden hervorragend miteinander klar. Die Augenfarbe schien kein Hindernis für sexuelle Anziehungskraft zu sein. Am nächsten Tag beobachtete Morgan, wie das gedeckte Weibchen behutsam seine befruchteten Eier in das mit Hefe angereicherte Substrat ablegte, das er für sie vorbereitet hatte. Innerhalb weniger Stunden waren die Eier ausgebrütet, und eine sich windende Masse winziger Larven stürzte sich auf das Festmahl.

Morgans einziges Interesse bestand darin, wie die Augen der erwachsenen Fruchtfliegen aussehen würden. Aber er musste sich noch ein wenig gedulden. Es dauerte etwa eine Woche, in der die blinden, gesichtslosen Larven ihren Interessen nachgingen, und eine weitere Woche, bis sich der Larvenkörper rundum erneuerte und seine Erwachsenenform annahm.

Nach einer frustrierend langen Wartezeit tauchte die erste erwachsene Fruchtfliege mit frisch modelliertem Gesicht auf. Sie durchstieß ihre Puppenhülle und blinzelte ins Licht. Morgan stand erwartungsfroh da und bemühte sich, einen schnellen Blick auf die Augen zu werfen. Sie waren leuchtend rot.

Innerhalb von Sekunden war eine neue Fliege herausgeschlüpft. Sie hatte ebenfalls normale rote Augen. Auch die nächste. Und die übernächste. Eine rotäugige Fruchtfliege nach der anderen tauchte auf, bis die Puppenhüllen leer waren. Und alle hatten normale rote Augen. Das Merkmal «weiße Augen» war verschwunden. Es war genau so, wie Mendel es vorhergesagt hätte, falls die Instruktion für rote Augen gegenüber derjenigen für weiße Augen dominant gewesen wäre. Also führte Morgan das Experiment eine Stufe weiter, wie Mendel es getan hätte, und paarte Brüder und Schwestern aus dieser neuen Generation rotäugiger Fruchtfliegen. Man hätte es auch Inzest nennen können, aber als völlig skrupellose ewige Opportunisten schienen sich die Fruchtfliegen nur allzu bereitwillig darauf einlassen zu wollen.

Nun galt es, eine weitere Geduldsprobe zu bestehen, bevor sich die nächste erwachsene Fliegengeneration herausgebildet hatte. Doch als sich die ersten Fruchtfliegen ans Tageslicht gekämpft hatten, war eines bereits klar. Dieses Mal sahen die Fruchtfliegen nicht alle gleich aus. Die einen hatten rote, die anderen hatten weiße Augen.

Weiße Augen waren in einer Generation verschwunden, nur um in der nächsten wieder aufzutauchen – auch dies eine Vorhersage Mendels. Aber wie war das Zahlenverhältnis der beiden verschiedenen Fliegentypen zueinander? Stimmte auch dies mit den Mendel'schen Werten überein? Morgan sortierte sorgfältig Tausende von Fruchtfliegen und zählte die verschiedenen Typen aus. Es waren 3470 Fliegen mit roten Augen und 782 mit weißen Augen. Innerhalb der Wahrscheinlichkeitsgrenzwerte stimmten die Zahlen genau genug überein. Hier also hatte Morgan Mendels berüchtigtes Drei-zu-eins-Verhältnis unmittelbar vor Augen.

Morgan fand noch ein weiteres auffallendes Muster in dieser Fliegengeneration. Obwohl Männchen und Weibchen in annähernd gleicher Anzahl produziert wurden, war die Augenfarbe zwischen den Geschlechtern ziemlich ungleichmäßig verteilt. Es gab 2459 rotäugige Weibchen, 1011 rotäugige Männchen, 782 weißäugige Männchen, aber kein einziges weißäugiges Weibchen. Das war ein Ergebnis, das Mendel nicht hätte vorhersagen können: Das «Weiße-Augen»-Merkmal war ausschließlich an die Enkelsöhne weitergegeben worden. In späteren Zuchtexperimenten sollte Morgan zeigen, dass die weißen Augen nicht auf ein Geschlecht beschränkt waren. Bei bestimmten Kreuzungen konnten Weibchen weiße Augen erben. Aber diese Eigenschaft kam stets häufiger bei Männchen vor.

Beispiele für genetische Merkmale, die mit einem Geschlecht eher in Verbindung gebracht wurden als mit dem anderen, waren nicht neu. Sie waren seit jeher bei Vögeln und Schmetterlingen entdeckt worden. Doch bei diesen Tieren ging die Vorliebe dafür in die entgegengesetzte Richtung: hier waren es üblicherweise die Weibchen, die davon betroffen waren. Jetzt hatte Morgan das ge-

genteilige Muster aufgedeckt – eine Verbindung zwischen den Männchen.

Es gereichte ihm zur Ehre, dass er auf der Suche nach einer Erklärung für diese augenscheinlich widersprüchlichen Beobachtungen die Opposition gegenüber Mendel und der Chromosomentheorie erst einmal aufgab. Er fing an zu verstehen, dass die Beobachtungen dann einen Sinn machten, wenn man dabei statt an das Geschlecht des Individuums an die Geschlechtschromosomen dachte. Alles in allem betrachtet, war es das einzelne X-Chromosom, das weibliche Vögel und Schmetterlinge mit männlichen Fruchtfliegen gemeinsam hatten.

Was geschah nun aber, wenn ein Gen auf dem X-Chromosom lag? Welches Ergebnis konnte man dann erwarten? Morgan ließ allmählich Gedanken zu, über die er sonst, wenn sie aus dem Munde anderer kamen, immer gespottet hatte. Aber was sollte er tun? Die Fruchtfliege hatte ihn gezwungen, die Vorurteile abzulegen und alle rational erklärbaren Lösungen zu durchdenken.

Die Männchen der Fruchtfliege tragen ein einzelnes X-Chromosom, das sie von ihrer Mutter erben, und ein Y-Chromosom, das sie von ihrem Vater erben. Die Weibchen tragen zwei X-Chromosomen – eins von der Mutter und eins vom Vater. Stellen wir uns vor, dass das Gen für die Augenfarbe auf dem X-Chromosom liegt. Männchen würden nur eine genetische Anweisung für die Augenfarbe erben (das Y-Chromosom ist zu mickrig, um entsprechende Instruktionen zu tragen), wohingegen Weibchen zwei Instruktionen erben würden.

Da die Weiße-Augen-Instruktion rezessiv gegenüber der Rote-Augen-Instruktion ist, benötigte eine weibliche Fruchtfliege zwei Kopien der Weiße-Augen-Instruktion – eine von der Mutter und eine vom Vater –, um weiße Augen zu erben. Ein Fliegenmännchen hingegen benötigte nur eine einzige Weiße-Augen-Instruktion von seiner Mutter, um weiße Augen zu erben.

Die Chancen eines Männchens, eine Kopie der Anweisungen zu erben, wäre größer als die Aussicht eines Weibchens, zwei zu erben. Die Situation erinnert ein wenig an einen zweimaligen Münzwurf. Die Chance, bei zwei Würfen zumindest einmal Kopf zu erhalten – die Weiße-Augen-Instruktion –, ist viel größer, als zweimal Kopf zu werfen. Mit anderen Worten: Man sollte erwarten, dass weiße Augen bei Fruchtfliegenmännchen häufiger vorkommen.

Die Logik schien wasserdicht zu sein. Wenn Gene auf dem X-Chromosom lagen, würden rezessive Merkmale häufiger in dem Geschlecht mit dem einzelnen X vorkommen. Die Argumentation traf auf Fruchtfliegen, Vögel, Schmetterlinge und sogar auf uns Menschen zu. So litten im neunzehnten Jahrhundert zum Beispiel viele Nachkommen von Königin Victoria an der erblichen Bluterkrankheit, aber es waren die Männer, die unverhältnismäßig stark davon betroffen waren. Morgan stellte fest, dass die Vererbung der Rot-Grün-Farbenblindheit beim Menschen mit genau dem gleichen Vererbungsmuster übereinstimmte. Die Rot-Grün-Farbenblindheit tritt sehr viel häufiger bei Männern auf.

Morgan hatte ein überzeugendes Konglomerat von Vererbungsideen heraufbeschworen. Er hatte Gene, Chromosomen und Geschlechtsbestimmung schlüssig und auf einen Rutsch miteinander vereint. Es war eine Geschichte, die ein außerordentlich großes Erklärungspotenzial besaß. Die weißäugige Fruchtfliege hatte eine bemerkenswerte Umwandlung seiner wissenschaftlichen Ansichten bewirkt. Sie hatte seinen Widerstand gegenüber allem, was mit Mendel und Chromosomen zu tun hatte, unterwandert und ihm eine grundlegend neue Vision der Biologie beschert. Sowohl für die Fliege als auch für Morgan sollte das Leben nie wieder so sein wie zuvor.

Der weißäugige Mutant, oder kurz *white** genannt, war nur einer von vielen neuen Fruchtfliegenmutanten, die in jenem Jahr in Erscheinung traten.

Zwischen Juni und August 1910 entdeckte Morgan ein Trio von Flügelmutanten: *rudimentary, truncate* und *miniature (rudimentär, gestutzt und Miniaturflügel)* – Fruchtfliegen mit normal großen Körpern, aber winzigen, gestutzten Flügeln. Dann gab es noch *olive*, eine Fliege mit olivefarbenem Körper statt der üblichen ganzflächigen Bräune sowie *pink*, einen weiteren Augenmutanten. All diese genetischen Neuerscheinungen waren rezessive Variationen der Leitmelodie und wiesen Mendel'sche Vererbungsmuster auf.

Dabei war überhaupt nichts Mysteriöses an dieser neuen Mutantenflut; sie war lediglich auf eine Maßstabsveränderung zurückzuführen. Da Morgan seine Suche nach De-Vries-Mutationen aufgegeben hatte, entschied er sich, in Vorbereitung auf eine neue und mit den Fruchtfliegen nicht in Zusammenhang stehende Studie über experimentelle Evolution, für eine Ausweitung seiner Fliegenversuche. Statt ein paar hundert Fruchtfliegen

---

* Seit Morgan sind neu entdeckte Gene nach dem Mutanten benannt worden, durch den sie zum ersten Mal identifiziert wurden. So bezieht sich zum Beispiel *white* auf ein Augenfarbengen und nicht nur auf die Instruktion für weiße Augen. Um die verschiedenen Versionen (Allele) der Gene zu unterscheiden, werden unterschiedliche Nachsilben benutzt. Eine Instruktion für weiße Augen könnte man beispielsweise als *white*⁻ ausdrücken, während eine Anweisung für rote Augen mit *white*⁺ beschrieben werden könnte. Der erste Buchstabe des Namens kann entweder groß oder klein sein. Das hängt davon ab, ob die mutierte Form des Gens dominant oder rezessiv gegenüber dem normalen Typ (Wildtyp) ist. In diesem Fall wird *white* mit kleinem Anfangsbuchstaben geschrieben, weil das Allel für weiße Augen rezessiv gegenüber dem Allel für rote Augen ist.

Verwirrenderweise kann der Name des Gens auch in einem anderen Kontext verwendet werden, um – wie es hier der Fall ist – den Fliegenmutanten zu identifizieren. Alle Fliegen tragen irgendeine Version des Farbgens für *weiße* Augen, ungeachtet ihrer tatsächlichen Augenfarbe, aber nur weißäugige Mutanten würden als *weiße* Fliegen identifiziert werden.

aufzuziehen, widmete er sich jetzt Zehntausenden von Fruchtfliegen gleichzeitig.

Eine Mutation ist ein seltenes Ereignis. Man kann sie sich als einen Sechser im Lotto vorstellen und die Fliegen als die Anzahl der abgegebenen Lottotippscheine. Füllt man nur ein paar Scheine aus (oder hält man nur einige wenige Fruchtfliegen im Labor), gibt es nur eine geringe Chance auf einen Gewinn (oder auf eine neue Mutation). Gibt man jedoch Tausende oder Zehntausende von Scheinen ab (oder züchtet entsprechend viele Fliegen), dann steigen auch die Chancen.

Mehr Fruchtfliegen bedeuteten mehr Kreuzungen, und eine höhere Anzahl an Kreuzungen steigerte die Aussichten auf neue Mutationen erheblich. Viele Mutantenallele sind rezessive Instruktionen, sodass sie von ihrem dominanten Partner in Schach gehalten werden, wenn sie erstmals in Erscheinung treten. Die einzige Möglichkeit zur Entdeckung der neuen Instruktion – oder ihrer Auswirkungen – besteht in der Paarung zweier Fliegen, die beide die gleichen Instruktionen tragen. Am Anfang ist dies natürlich ein Glücksspiel, weil man nicht weiß, welche Fliege welche Anweisungen trägt. Doch mit der Zunahme der Kreuzungen erhöht man auch die Chance, zwei Fliegen mit den gleichen rezessiven Instruktionen zusammenzubringen.

Hatte Morgan erst einmal einen Mutanten identifiziert, führte er kontrollierte Kreuzungen durch, um einen Bestand an männlichen und weiblichen Fruchtfliegen zu erhalten, die nur die neue, mutierte Version des Gens trugen. Diese Kreuzungen brachten weitere Mutanten hervor, was wiederum zu noch mehr Kreuzungen führte. Es dauerte nur wenige Monate, bis Morgan sein Labor in das Fruchtfliegenäquivalent eines Atomreaktors verwandelt hatte.

Morgan war von der Fruchtfliege begeistert. Im November 1910 schrieb er seinem Freund Hans Driesch:

Es lässt sich einfach wunderbar mit ihnen arbeiten. Sie pflanzen sich das ganze Jahr hindurch fort und setzen alle zwölf Tage eine neue Generation in die Welt.

Doch schon bald wurde Morgan zum Opfer seines eigenen wissenschaftlichen Erfolgs. Er war durch die zur Pflege der sich pausenlos vermehrenden Brut neuer Mutanten notwendige Arbeit völlig überlastet, sodass für den Fruchtfliegenreaktor die ernsthafte Gefahr einer Kernschmelze bestand. Im März 1911 schrieb er:

Allmählich begreife ich, dass ich für ein solches Projekt besser hätte vorbereitet und organisiert sein müssen, aber wer konnte schon eine solche Sintflut voraussehen? Mit der Hilfe von Ersatzleuten habe ich ein akutes Stadium bewältigt, befürchte aber, bereits eine neue Durststrecke vor mir zu haben. Ich werde sehen müssen, ob ich genügend Unterstützung bekommen kann, um den Sturm heil zu überstehen.

Gegen Ende des Jahres 1910 war Hilfe in der Gestalt zweier ehrgeiziger Studenten eingetroffen. Sie hießen Calvin Bridges und Alfred Sturtevant. Beide bekamen einen Schreibtisch in Raum Nr. 613, der später den Spitznamen «Fliegenraum» erhielt und direkt an Morgans Büro im obersten Stockwerk von Haus Schermerhorn der Columbia University grenzte.

In unseren gesundheits- und sicherheitsbesessenen Zeiten würde der «Fliegenraum» vermutlich sofort dichtgemacht werden. Selbst nach damaligen Maßstäben galt es als äußerst dreist, wie in diesem Raum die hygienischen Vorschriften missachtet wurden. Besucher, die eine Art makelloses Denkmal der Experimentalbiologie erwarteten, fanden das Durcheinander und den Schmutz abstoßend. Sollte es die Absicht gewesen sein, die Atmosphäre der natürlichen Umgebung der Fruchtfliege – nämlich die

Mülltonne – zu simulieren, damit sie sich ganz heimisch fühlen konnte, dann funktionierte der «Fliegenraum» prächtig.

Der Raum selbst war relativ klein – gerade mal fünf mal sieben Meter groß. Darin standen acht Schreibtische aus Holz, die voll gestellt waren mit Tabletts voll Milchflaschen und Mikroskopen. Noch mehr Flaschen machten sich auf unordentlichen Regalreihen breit. Die Wände waren mit Skizzen, Karten, Diagrammen und Notizzetteln tapeziert. In einer Ecke stand ein verdächtig aussehender Spültisch, in dessen Ausguss sich Stahlpfannen und Schöpfkellen stapelten, an denen überall die durch häufigen Gebrauch entstandenen Flecken und Dellen zu sehen waren. An der Wand hinter dem Spültisch hing ein Bündel sich schwarz verfärbender Bananen. In dem Raum herrschte dicke Luft, eine strenge Mischung aus faulem Obst, Hefe und dem ekelhaft süßen Duft von Äther.

In den klirrend kalten New Yorker Wintern wurde der «Fliegenraum» für Morgan zum Mittelpunkt seiner Welt, wo er und sein Forscherteam ihre wissenschaftlichen Kampagnen planten, diskutierten und durchführten. Im Sommer wurde die Einrichtung auseinander genommen, in Fässer verpackt und in das Meeresbiologische Labor nach Woods Hole an der Küste von Massachusetts verfrachtet. Dort wurden dann die Versuche in der entspannteren Atmosphäre von Meer und Strand fortgesetzt. Ein paar Flaschen mit Fliegen wurden stets als Rückversicherung zurückgelassen für den Fall, dass den anderen unterwegs etwas Unangenehmes passierte.

Mittlerweile kamen immer mehr Mutanten zum Vorschein. Mindestens zehn tauchten 1911 auf. Die doppelte Anzahl konnte 1912 registriert werden. Und 1914 waren es insgesamt schon mehr als hundert. Die Vererbungsideen Morgans waren zwar von der weißäugigen Fruchtfliege angeregt worden, als aber die Flut neuer Mutanten anschwoll, war Morgan in der Lage, seine Vision von der Vererbung zu verfeinern und ein detaillierteres Bild der Zusammenarbeit zwischen Genen und Chromosomen zu entwerfen.

Noch wusste niemand, wie viele Gene eine Pflanze oder ein Tier im Durchschnitt besaß, aber man war übereingekommen, dass es weit mehr sein mussten als die Anzahl der Chromosomen. So hat die Fruchtfliege zum Beispiel nur vier Chromosomenpaare. Zugegeben: eine Fliege ist nicht gerade das Nonplusultra, was die Evolution in Sachen Fortschrittlichkeit zu bieten hat, aber es gab niemanden, der ernsthaft behauptete, sie sei nur um vier Paare genetischer Instruktionen herum entworfen worden.

Wenn es also mehr Gene als Chromosomen gab, musste die Unabhängigkeit vieler Gene, die wie aneinander gekettete Sträflinge auf dem gleichen Chromosom lagen, aufgrund dieser engen physischen Verbundenheit eingeschränkt sein. Gene, die derart aneinander gekoppelt waren, mussten auch gemeinsam vererbt werden. So zumindest lautete die Theorie. In Wirklichkeit war dummerweise alles ganz anders. Überraschenderweise gab es nur sehr wenige Beispiele, dass zwei oder mehr Merkmale immer gemeinsam geerbt wurden.

Bis zum Sommer 1910 hatte Morgan die beiden Gene *rudimentary* und *white* entdeckt, die auf dem gleichen Chromosom gekoppelt zu sein schienen. Rudimentäre Flügel traten – wie weiße Augen – sehr viel häufiger bei Männchen als bei Weibchen auf, was nahe legte, dass sowohl *rudimentary* als auch *white* auf dem X-Chromosom liegen müssten.

Sollte die Kopplung zwischen Genen auf einem Chromosom unauflöslich sein, würden weiße Augen und Stummelflügel immer gemeinsam vererbt werden. Aber Morgan fand nichts dergleichen. Er konnte eine Menge rotäugige Fliegen mit Stummelflügeln und weißäugige Fliegen mit normalen Flügeln züchten. In Wirklichkeit verhielten sich die beiden genetischen Merkmale völlig unabhängig voneinander, so als lägen sie auf verschiedenen Chromosomen. Offenbar waren die Kopplungen nicht unauflöslich.

Morgan glaubte, dass die Chromosomen gelegentlich aufbrechen mussten, um den Austausch genetischer Instruktionen zwischen Partnerchromosomen zu ermöglichen. Diese Vorstellung hatte er nicht gerade aus dem Ärmel geschüttelt. Der belgische Chromosomen-Zauberer Frans Janssen hatte 1909 diese Lösung vorgeschlagen. Janssen hatte einen einzigartigen Einblick in die Art und Weise gewonnen, wie Partnerchromosomen sich in einem Paar verhalten, bevor sie getrennt und in die Keimzellen abtransportiert werden. Waren die beiden Chromosomen gerade noch vertikal und parallel zueinander ausgerichtet, so waren sie im nächsten Augenblick ineinander verschlungen wie zwei verliebte Schlangen. Janssen war der Ansicht, dass während dieser Momente physischer Intimität die Chromosomen an übereinstimmenden Stellen entlang ihres Abschnitts aufbrechen und komplementäre Segmente austauschen.

Ausgehend von seinen mikroskopischen Beobachtungen, konnte Janssen allerdings nicht sagen, ob die Chromosomen tatsächlich Teile ihrer selbst miteinander austauschten oder nicht; alles, was er sah, war ihre Umarmung. Aber Morgans Studien mit *white* und r*udimentary* lieferte das genetische Beweismaterial, um die Vorstellung zu stützen, dass dieser Austausch tatsächlich stattfand.

Nicht alle genetischen Kopplungen waren so leicht aufzubrechen wie die zwischen *white* und *rudimentary*. Mit der Entdeckung immer neuer X-gekoppelter Mutanten fand Morgan variierende Verbindungsgrade zwischen gekoppelten Genpaaren, die von vollständiger bis zu komplett fehlender Verbindung reichten.

Morgan glaubte, dass die einfachste Form, variierende Verbindungsstärken zu erklären, in der Ausgangsvermutung lag, dass Gene wie Perlen einer Kette linear auf einem Chromosom angeordnet seien. Jedes Gen besetze einen spezifischen Ort auf dem Chromosom, der mit der Position seines Partners auf dem gegenüberliegenden Chromosom übereinstimme.

Das Mischen der Gene zwischen gepaarten Chromosomen war durchaus mit dem Mischen zweier Kartenspiele vergleichbar. Je näher sich zwei Karten in einem Stapel sind, desto geringer ist die Möglichkeit, dass sie beim Mischen voneinander getrennt werden. Auf ähnliche Weise hänge der Verbindungsgrad zwischen zwei gekoppelten Genen von ihrer physischen Nähe zueinander auf dem Chromosom ab.

Sturtevant begriff sofort die weitreichendere Bedeutung von Morgans Logik. Er erkannte, dass man den Grad der Verbindung zwischen gekoppelten Genpaaren benutzen konnte, um die lineare Ordnung und die relative Verteilung der Gene entlang einem Chromosom zu bestimmen. Man benötigte keine spektakulären Geräte oder aufwendigen Krimskrams. Alles, was man brauchte, waren Fruchtfliegen – mit ihrem angeborenen und unstillbaren Appetit auf Sex – und die Fähigkeit zu zählen. 1911 produzierte Sturtevant die allererste genetische Karte, ein simpler Entwurf, der die lineare Anordnung von fünf X-gekoppelten Genen zeigte.

Die Herstellung genetischer Karten war ein entscheidender Schritt voran. Es bedeutete, dass jeder neuen Genmutation ein Ort auf dem Chromosom in Relation zu seinen Nachbarn zugeordnet werden konnte. Noch wichtiger war es vielleicht, dass die Karten den Genen und Chromosomen eine visuelle Qualität verliehen, die ihnen bis dahin gefehlt hatte. Jetzt war ein Chromosom mit dem Abschnitt einer Eisenbahnstrecke vergleichbar, wobei die Gene die relativen Positionen der Bahnhöfe entlang des Chromosomenabschnitts markierten.

Ein großer Teil der Arbeit im «Fliegenraum» betraf die Kartierung des unaufhörlichen Nachschubs neuer Mutanten. Bis 1915 waren Karten für jedes der vier Fruchtfliegen-Chromosomen erstellt worden, die die relativen Orte der einhundert bis dato entdeckten Gene zeigten.

Die schwere Arbeitslast wurde 1912 etwas gelindert, als sich ein junger Doktorand namens Hermann Muller Morgan, Sturtevant und Bridges anschloss. Zusammen bildeten sie ein unvergleichliches Quartett von Persönlichkeiten und intellektuellen Ambitionen. In Erinnerung an diese Zeiten schrieb Sturtevant:

> Im Labor herrschte eine aufregende Atmosphäre, und es wurde reichlich über die neuen Ergebnisse diskutiert und gestritten, während die Arbeit rasche Fortschritte machte.

Aber hinter all den nichts sagenden Bezeugungen der angeblichen Jovialität in der wissenschaftlichen Zusammenarbeit lauerte eine unausweichliche Spannung zwischen bestimmten Gruppenmitgliedern. Sturtevant, Bridges und insbesondere Muller schienen sich über Morgan zu ärgern, der für sich selbst ungebührlichen Ruhm für Entdeckungen reklamierte, die recht häufig die Früchte gemeinsamer Arbeit waren. Ein Kollege an der Columbia University soll als Kommentar zu Morgans Anteil am Erfolg der Fruchtfliegengruppe angeblich gesagt haben: «Morgan hat nur eine einzige wichtige Entdeckung in seinem Leben gemacht. Und diese Entdeckung war Sturtevant.»

Was auch immer das relative Verdienst und die Beiträge jedes einzelnen Gruppenmitglieds waren: der Gesamterfolg, der vom «Fliegenraum» ausstrahlte, blieb der Außenwelt nicht verborgen. Morgan, seine Studenten und die Fliege waren so nahe wie niemals jemand zuvor an eine narrensichere Erklärung herangekommen, die die Mendel'schen Erbregeln mit der Chromosomentheorie der Vererbung vereinte. Darüber hinaus hatten sie die Züchtung von Fruchtfliegen in die Kunst der Kartierung verwandelt. Zusammen waren sie auf dem neuen, noch unerschlossenen Gebiet der Genetik in die Rolle von Pionieren geschlüpft.

Morgans Erfolg war außerdem eine großartige Werbekampagne für die Fruchtfliege. Alte viktorianische Lieblingstiere wie Ratten und Mäuse waren plötzlich out, als die Fruchtfliege zum Superstar der Labors avancierte. Die Fruchtfliege hatte Morgans biologische Ansichten völlig auf den Kopf gestellt, indem sie ihn zwang, über Gene und Chromosomen nachzudenken. Und damit war sie für ein unbekanntes domestiziertes Leben in den vier Wänden der Labors bestimmt.

2
Das entschlüsselte Ei

Ich kannte einmal einen Mann, der an der Spitze seines großen Zehs ein Auge hatte. Der Zeh selbst war aber nicht in seiner ursprünglichen Position. Er steckte dort, wo eigentlich die Nase hätte sein müssen. Und wo war die Nase? Die befand sich in seinem Unterleib, irgendwo zwischen Leber und Milz. Wenigstens hatte er ein ganz gewöhnliches Paar wohlgeformter Beine. Nur dass sie aus seinen Augenhöhlen schauten und somit wie ein Geweih aus seinem Kopf hervorsprangen. Ich sah diesen unglücklichen Mann nicht sehr lange. Nur gerade lange genug, dass sich seine Gestalt meinem Gedächtnis einprägen konnte, bevor er aus meinem Traum verschwand.

Was ging nur in mir vor, dass diese verkorkste Gestalt eines Menschen meinen Schlaf heimsuchte? Sah ich meinen Körper als allzu selbstverständlich an? War ich besorgt über die Form meiner Nase? Die Angelegenheit blieb ungeklärt.

Doch Jahre später betrachtete ich den Traum aus einer völlig anderen Perspektive, die sich vermutlich aus meiner Beschäftigung mit der Biologie ergab. Derlei biologische Verunstaltungen mögen wie Hirngespinste einer überspannten Phantasie erscheinen. Aber bei Fruchtfliegen waren sie Wirklichkeit geworden.

Damals, in den späten 1970er Jahren, waren Mutanten der letzte Schrei. Wenn man ein Fruchtfliegenlabor besuchte, wurde es einem nicht einmal übel genommen, wenn man annahm, auf eine Folterkammer für Fruchtfliegen gestoßen zu sein. Auf der Suche nach neuen Mutanten wurden Fliegen mit mutagenen Chemikalien zwangsernährt, sodass sie ein ganzes Raritätenkabinett entstellter Nachkommen hinterließen. Es waren Mutanten auf Bestellung, und den zur Schau gestellten Verunstaltungen waren keine Grenzen gesetzt.

Nehmen wir zum Beispiel *bicaudal* (Doppelsteiß), einen mutierten Embryo, der ohne Kopf und ohne den größten Teil seines Körpers geboren wurde. Was er jedoch vorweisen konnte, waren zwei After (Posterior-Enden), die «Rücken an Rücken» miteinander verwachsen waren. Da ihm Gehirn, Augen und jegliche Form von Fortbewegungsgliedmaßen fehlten, blieb *bicaudal* nichts anderes übrig, als sich die zwei oder drei Stunden seines kurzen Lebens auf Erden selbst zu verarschen.

Wenigstens ging es *bicaudal* noch besser als *sieve* (Sieb). Der arme *sieve* schien eine Zeile aus *My Generation*, der bilderstürmenden Hymne der sechziger Jahre von The Who, allzu wörtlich genommen zu haben. Er kam als befruchtetes Ei auf die Welt und schied nur wenige Minuten später dahin, sodass seinem Körper kaum genügend Zeit blieb, zumindest die allernötigsten Teile auszubilden. «Hope I die before I get old» in Reinkultur.

Die Mutanten *patch* (Flicken), *runt* (Wicht) und *hunchback* (Buckliger) waren ein wahnwitziges Trio in der ersten Blüte ihrer embryonalen Jugend. Bedauerlicherweise sollte ihr Leben nicht über dieses Stadium hinauskommen. Trotz ihrer erkennbaren Larvenmerkmale ließ eine nähere Inspektion erkennen, dass verschiedene Teile ihres Körpers fehlten.

Aber nicht alle Mutanten mussten im Basislager ihrer Entwicklung zurückbleiben. Da gab es zum Beispiel *Antennapedia* (Fühlerbein) oder kurz *Antp*. Das war ein Mutant mit einer Wucherung im Fußbereich. Doch das zweite Paar Füße war nicht da, wo man es erwartet hätte. Bei *Antp* wuchsen zwei Beine aus der Stelle im Gesicht, wo eigentlich die Fühler hätten sein müssen.

Es gab noch Dutzende andere Mutanten mit bizarren Namen wie etwa *bazooka* (Panzerfaust) und *Bubble* (Blase), *spook* (Gespenst), *popeye, gooseberry* (Stachelbeere) und *bladderwing* (Blasenflügel, ein Mutant mit deformierten, mit Flüssigkeit gefüllten Flügeln). All diese Mutanten litten an so etwas wie einem grobkörnigen Neuarrangement ihres Körperplans. Einige Verunstaltungen waren so extrem, dass die allerersten Exemplare es nicht einmal aus ihrer Eihülle heraus schafften, sodass die Lebensspannen in Minuten oder Stunden statt Tagen gemessen wurden.

Wären diese Fliegen jemals auf die Idee gekommen, jemanden zu suchen, der schuld war an ihrem erbärmlichen Schicksal, wäre Hermann Muller die richtige Adresse gewesen. Muller war für viele Leute ein Einzelgänger und Visionär. Aus der Sicht der Fruchtfliegen war er jedoch ein grausamer Tyrann. Schließlich war es Muller, der die Pionierarbeit für die künstliche Herbeiführung von Mutationen geleistet und damit den Weg für die Mutantenschwemme der siebziger Jahre geebnet hatte.

Schon immer sind Mutationen ein erster Wegweiser zu neuen genetischen Erkenntnissen gewesen. Die einzige Möglichkeit herauszufinden, was Gene in ihrem Normalzustand tun, bietet der Blick auf das Geschehen in einem Organismus, wenn etwas schief geht – also wenn Gene mutieren. So wie ein Automechaniker die Symptome eines defekten Motors studiert, greifen Genetiker auf die Symptome von Mutanten zurück, um Gene und deren Funktionen zu identifizieren.

In den ersten Jahren der Fruchtfliegenforschung konnte noch niemand Mutationen künstlich herbeiführen, sodass die Biologen auf die natürliche Manifestation neuer Mutationen warten mussten. Das war ein höchst unbefriedigender Zustand. Wie das Warten auf einen Bus in London. Eine Ewigkeit vergeht, und nichts passiert, bis plötzlich zwei oder drei auf einmal eintrudeln.

Es hatte auch zuvor schon Versuche gegeben, genetische Schäden künstlich hervorzurufen. Im ersten Jahrzehnt des zwanzigsten Jahrhunderts hatte Morgan auf der Suche nach De-Vries-Mutationen die Fliegen einem regelrechten Ansturm biologischen Missbrauchs ausgesetzt. Doch ohne ein klares Verständnis der biologischen Grundlagen von Mutationen oder der für ihre Erkennung benötigten genetischen Technik endeten die Anstrengungen von Morgan und seinesgleichen in Enttäuschung. Fünfzehn Jahre später und ausgestattet mit einem tiefer gehenden Verständnis des Gens, sollte Hermann Muller mehr Glück haben.

Muller, der ehemals zu Morgans engstem Mitarbeiterstab gehörte, hatte 1920 die Columbia University verlassen, um an die Universität von Texas in Austin zu gehen. Da er erkannt hatte, dass es dringend notwendig sei, Wege zu finden, um Mutationen zu verursachen, hatte er mit Hitzeeffekten zu experimentieren begonnen, seine Aufmerksamkeit aber schon bald auf die Röntgenstrahlen gelenkt.

1926 entdeckte Muller, dass Röntgenstrahlen einen beachtlichen Anstieg der Mutationsrate bewirkten. Obwohl die der Strahlung ausgesetzten Fruchtfliegen keinen offensichtlichen Schaden nahmen, gerieten die Gene unter schweren Beschuss. Erst in den nachfolgenden Generationen offenbarte sich das wahre Ausmaß des genetischen Schadens. Hohe Dosierungen von Röntgenstrahlen hatten die Mutationsrate um fünfzehn*tausend* Prozent erhöht.

Viele der Mutanten waren ohne weiteres erkennbar. So waren zum Beispiel Fliegen mit weißen Augen, Stummelflügeln und verästelten Borsten die gleichen Mutanten, die Jahre zuvor in Morgans «Fliegenraum» aufgetaucht waren. Muller kam zu dem Schluss, dass die von den Röntgenstrahlen hervorgerufenen genetischen Schäden mit den spontan entstehenden identisch sein oder ihnen ähneln mussten.

Außerdem fand Muller heraus, dass Röntgenstrahlen Chromosomen einreißen und aufbrechen konnten. Manchmal waren Chromosomenabschnitte umgestellt, sodass die lineare Anordnung der Gene umgekehrt worden war. Bei anderen Gelegenheiten wurden Chromosomenstrecken getilgt oder an einen völlig anderen Ort innerhalb des Chromosoms verschoben. Für eine Fliege, die diese durch Mutationen hervorgerufenen Veränderungen erbte, war das häufig eine schlechte Nachricht.

Mullers Experimente waren die ersten eindeutigen Demonstrationen künstlich induzierter Mutationen und lösten bei ihm ein lebenslanges Interesse an den biologischen Auswirkungen von Strahlungen aus. Da er gesehen hatte, was Röntgenstrahlen in den Chromosomen der Fruchtfliege anrichten konnten, zog er daraus den unvermeidlichen Schluss und fing an, das öffentliche Interesse auf die Gefahren der Strahlung für die menschliche Gesundheit zu lenken.

Muller befürchtete, dass die zunehmende Industrialisierung der Gesellschaft auch eine Erhöhung umweltbedingter Strahlung und das verstärkte Auftreten anderer Mutagene mit sich bringen könnte. Deshalb rechnete er mit einer beispiellosen Belastung der genetischen Gesundheit der menschlichen Spezies. Er war so felsenfest davon überzeugt, der Menschheit drohe ein Übermaß an Mutationen, dass er vorschlug, kluge Männer sollten ihren Samen einfrieren und einlagern lassen, damit künftige Generationen darauf zurückgreifen könnten, bevor die Situation außer Kontrolle geriete.

Aber seine Prognosen waren allzu pessimistisch. Obwohl er mit der Identifizierung der Gefahren umweltbedingter Mutationen richtig lag, wurden seine apokalyptischen Vorhersagen für die Menschheit zum Teil durch spätere Entdeckungen abgeschwächt, die zeigten, dass Zellen nicht völlig wehrlos gegen Umweltattacken sind. Heute wissen wir, dass Zellen ihre eigenen biochemischen Werkzeuge besitzen, die den durch Strahlung und andere Mutagene verursachten genetischen Schaden reparieren können. Dennoch bleibt Muller so etwas wie ein Held und Vorreiter der Antiatomkraftbewegung.

Muller war ein zutiefst ernsthafter Mann. Schon als Kind legte er eine sehr ernsthafte Einstellung an den Tag. Während die meisten seiner Altersgenossen im Park Fußball spielten, war Muller damit beschäftigt, die Fundamente seiner eigenen sozialen und wissenschaftlichen Philosophie zu errichten. Die Ursprünge seiner Vision finden sich in seinen unveröffentlichten autobiographischen Notizen:

> Als ich ungefähr acht Jahre alt war, nahm mich mein Vater mit ins American Museum of Natural History und verdeutlichte mir durch das einfache Beispiel der dort ausgestellten Aufeinanderfolge fossiler Pferdefüße, wie sich Organe und Organismen durch das Zusammenspiel zufälliger Variation und natürlicher Selektion allmählich verändern … Und von diesem Zeitpunkt an ging mir folgende Vorstellung nicht mehr aus dem Sinn: Wenn dies in der Natur möglich war, sollte doch auch die Menschheit letztendlich in der Lage sein, den Prozess unter Kontrolle zu bekommen … und großartige Verbesserungen an sich selbst vorzunehmen.

Muller trat für eine Art sozialistische Eugenik ein. Er wollte, dass die Gesellschaft ihre eigene biologische Evolution in die Hand nähme, und befürwortete bessere Zusammenarbeit und Intelligenzsteigerung als begrüßenswerte evolutionäre Ziele. Individuelles Eigeninteresse, so lautete sein Argument, sollte dem sozialen und biologischen Wohl untergeordnet werden.

Es ist bezeichnend, fast könnte man sagen: verdächtig, dass er als eines seiner eugenischen Ziele Intelligenz und nicht beispielsweise körperliche Attraktivität wählte. Muller selbst war klein, korpulent, glatzköpfig und Brillenträger. Aber er schien sich selbst durchaus für gutes Zuchtmaterial zu halten, denn er hatte immerhin zwei Kinder.

Mit seinen Sympathien für die Linke machte er sich bei der amerikanischen Regierung nicht gerade beliebt, sodass er 1932 unter dem Druck anhaltender persönlicher Belastungen dem Sternenbanner den Rücken kehrte. Eine gescheiterte Ehe, ein Nervenzusammenbruch und ein seinen politischen Vorstellungen feindselig gegenüberstehendes Heimatland ließen die Überzeugung in ihm reifen, eine Veränderung sei nun angesagt.

Nach einem Jahr am Max-Planck-Institut in Berlin ging Muller auf Einladung von Nikolaj Wavilow, einem der herausragenden sowjetischen, von Mendel beeinflussten Genetiker, nach Moskau an das Institut für Genetik. Die Sowjetunion war ein geeigneterer Adressat für Mullers sozialistische Ambitionen, und Muller selbst betrachtete das Land als die perfekte Umgebung zur Verwirklichung seiner wissenschaftlichen und eugenische Ideale.

Doch seine Ankunft fiel mit dem Beginn des politischen und wissenschaftlichen Aufstands in der Sowjetunion zusammen. Ab 1933 verwandelte sich Stalins Paranoia allmählich in ein Terrorregime. Niemand war mehr vor Verdächtigungen sicher, und das galt auch für Genetiker. Stalin hegte tiefes Misstrauen gegen die Mendel'sche Genetik. Er verabscheute die Vorstellung, dass Erbsenformen, geschweige denn menschliche Merkmale, von Genen bestimmt würden. Da passte die Lamarck'sche Vererbung, die den Einfluss der Umwelt auf die Entwicklung von Individuum und Gesellschaft betonte, wesentlich besser zur marxistischen Philosophie.

In dem Biologen und politischen Opportunisten Trofim Lysenko fand Stalin einen Verbündeten. Die Entscheidung, Lysenko zu seinem Landwirtschaftsminister zu ernennen, lähmte die sowjetische Genetik für die nächsten dreißig Jahre und zwang die Landwirtschaft in die Knie. Die Mendel'sche Genetik wurde als bürgerlich-kapitalistische Verschwörung gegen den Marxismus abgetan, und den Genetikern blieb nur eine triste Wahl: entweder sie schworen Mendel ab oder sie akzeptierten ein Ticket ohne Rückfahrtschein für den Wladiwostok-Express.

1937 beschloss Muller in einem Klima zunehmender Repression, das Land zu verlassen, solange sich ihm noch die Möglichkeit dazu bot. Sein Freund und Kollege Nikolaj Wavilow hatte nicht ganz so viel Glück. Nach mehr als 1700 Stunden Verhör wurde er in einem fünfminütigen Prozess für schuldig befunden, Verbrechen gegen den Staat begangen zu haben. Er starb 1943 in einem Gefangenenlager.

Auf seinem Weg zurück in die USA machte Muller einen kurzen Abstecher nach Spanien, um im Bürgerkrieg gegen Francos Truppen zu kämpfen. 1940 kehrte er schließlich in die USA zurück. Sechs Jahre später erhielt seine Arbeit über von Röntgenstrahlen hervorgerufene Mutationen mit der Verleihung des Nobelpreises die offizielle Anerkennung.

In seinen Experimenten mit Röntgenstrahlen betonte Muller die Gefahren bei der Arbeit mit Strahlung und löste die Suche nach neuen Möglichkeiten zur Herbeiführung von Mutationen aus. Nach dem Zweiten Weltkrieg fügte man der Fliegennahrung chemische Mutagene hinzu, die als sicherere Methode der Mutationserzeugung die Röntgenstrahlen ersetzten. Der Sicherheitsaspekt galt natürlich nur für den Wissenschaftler. Die Fruchtfliege war auch weiterhin denselben Qualen ausgesetzt.

Muller hatte das Zeitalter des Sofortmutanten eingeleitet. Aber mit dieser Tat hatte er das Leben der Fruchtfliege auf den Kopf gestellt. Das Labor verlor plötzlich seine entspannte Atmosphäre. Nun war es im ganzen Land mit dem Ambiente von Bequemlichkeit und Selbstgefälligkeit in den Milchflaschen vorbei. Sorge und

Hektik kehrten ein. Von nun an lebten die Fruchtfliegen in ständiger Angst vor dem unerwarteten Nachmittagssnack, dem üblen Geschmack im Mund und der Befürchtung, ihr Nachwuchs könne dort einen Kopf haben, wo eigentlich der Anus sein sollte.

Für diese Fliegenmutanten war das Leben bestimmt ganz erbärmlich und in manchen Fällen eigentlich gar nicht lebenswert. Die Fliegen starben zu Tausenden, damit wir eines der größten Rätsel der Biologie verstehen konnten. Die Fließbandfertigung von Fliegenmutanten war Teil einer gigantischen Anstrengung, um das Geheimnis der Embryonalentwicklung zu lüften.

Unser aller Leben beginnt mit einem befruchteten Ei, einer einzelnen Zelle, die den Eileiter unserer Mutter hinunterstolpert. Diese Zelle teilt sich in zwei Zellen, daraus werden vier, dann acht und so weiter. Jede Runde der Zellteilung bringt eine Verdoppelung der Anzahl der Zellen mit sich. Während der Embryo wächst, übernehmen die Zellen langsam verschiedene Aufgaben, um die vielen unterschiedlichen Körpergewebe zu bilden – Blut, Haut, Nerven, Knochen, Muskeln und so weiter. Einige Zellen begehen sogar Selbstmord und lösen sich auf, um Gliedmaßen, Finger und Zehen plastisch herauszubilden. Allmählich wird die Form eines menschlichen Körpers erkennbar.

Aber woher «weiß» jede einzelne der Billionen von Zellen, ob sie eine Muskel-, eine Nervenzelle oder irgendein anderer Zelltyp werden soll? Schließlich ist in jeder Zelle das identische genetische Rezept vorhanden, dieselbe Mischung genetischer Instruktionen, die mit der Verschmelzung von Vaters Spermium und Mutters Eizelle entstand. Was bringt die Haut dazu, sich außerhalb des Körpers zu bilden statt innen? Was veranlasst das Herz dazu, sich in der Körperhöhle zu entwickeln statt zwischen unseren Beinen?

Und welche Instanz sorgt dafür, dass zwei Augen in unserem Gesicht wachsen statt am Ende unserer großen Zehen? Mit anderen Worten: Was verhindert, dass wir so werden wie der Mann in meinem Traum?

Um die Dinge in einen größeren Zusammenhang einzubetten, denken Sie statt an einen Körper einfach mal an eine Baustelle. Wenn ein neues Haus gebaut wird, beaufsichtigt der Architekt die Konstruktion, die Planung und die Organisation, um die korrekte Fertigstellung zu gewährleisten. Ohne den Architekten landete die Eingangstür womöglich im ersten Stock, das Dach könnte im Fundament versinken und ein Badezimmer, das vom Schlafzimmer aus direkt zugänglich sein sollte, könnte sich als ein Badezimmer unter freiem Himmel herausstellen.

Jahrzehntelang haben Biologen darum gekämpft, um die Architekten der Körperbaustelle zu identifizieren. Wie wird eine befruchtete Eizelle zu einem ausgewachsenen Organismus mit all seinen Einzelheiten und Teilen am richtigen Ort? Für Embryologen ist diese Frage ein ewiges Rätsel gewesen. Nehmen Sie zum Beispiel Thomas Hunt Morgan. Während es mit seiner eigenen Karriere auf dem Gebiet der Embryologie voranging, wich sein Haaransatz wie das Eis im Frühling zurück (was wahrscheinlich die Ursache für seine Versuche war, sich als Ausgleich einen Kinnbart wachsen zu lassen).

Lange bevor er etwas Genaueres über die Natur der Gene wusste, hatte Morgan mit dem Problem gerungen, wie Zellen während der Entwicklung verschiedene Identitäten annehmen. In den neunziger Jahren des 19. Jahrhunderts war er dieser Frage nachgegangen, indem er über Regeneration statt über embryonale Entwicklung gearbeitet hatte. Allerdings glaubte er, dass die Prinzipien dieselben seien. In beiden Fällen spezialisierten sich die Zellen in einer präzisen und geordneten Reihenfolge. Wer aber sagte ihnen, welche Rolle sie zu übernehmen hatten?

In einem seiner Enthauptungsexperimente beim Regenwurm stellte Morgan fest, dass, je weiter nach hinten er den Schnitt ansetzte, der Kopf umso länger brauchte, um sich zu regenerieren. Die Köpfe wuchsen wesentlich schneller nach, wenn man sie etwa auf Höhe des «Nackens» abschnitt, als weiter unten. Morgan schlug vor, dass chemische Gradienten, also irgendeine Art chemisches Gefälle, im Wurm verantwortlich für die unterschiedlichen Reaktionen sein könnte. 1897 schrieb er:

> Vielleicht enthalten ja die Zellen des Wurms irgendeinen Stoff, der in verschiedenen Körperteilen mehr oder weniger reichlich vorhanden ist.

Die Regenerationsfähigkeit, so argumentierte er, hinge von der örtlichen Konzentration des Stoffes ab, die entlang der Körperachse des Wurms variiere. Da er wusste, dass seine Erklärung nicht viel mehr als eine Spekulation war – worüber er bei anderen stets spottete –, ließ er ein für ihn typisches ehrliches Eingeständnis folgen:

> Ich will gar nicht so tun, als könne dies überhaupt irgendetwas erklären, aber diese Aussage stimmt mit den nüchternen Ergebnissen überein.

Spekulation oder nicht: Morgans Einsicht war überzeugend, und seine Arbeit löste eine ganze Flut von Studien über chemische Gradienten aus.

Um die den Gradienten zugrunde liegende Idee zu verstehen, stelle man sich ein klimatisches Gefälle in einer Berglandschaft und dessen Auswirkung auf die Pflanzen vor, die entlang diesem Gefälle wachsen können. Je höher man den Berg hinaufsteigt, umso kälter wird es. An jedem beliebigen Punkt am Hang lassen die jeweiligen ortsüblichen Bedingungen nur eine Untergruppe der vielen verfügbaren Pflanzenspezies zu.

Man nahm an, dass chemische Gradienten auf ähnliche Weise wirkten. So konnte beispielsweise die Konzentration einer Chemikalie vom Schwanzende eines Organismus bis hinauf zum Kopf zunehmen. An jedem Punkt entlang dem Gefälle wies die lokale Konzentration der Chemikalie die Zellen an, Aufgaben zu übernehmen, die ihren Positionen im Körper entsprachen. Hohe Konzentrationen am Kopfende konnten zum Beispiel die Zellen anweisen, Augen und Gehirn zu entwickeln, niedrige Werte wären dann für Verdauungssystem und Geschlechtsorgane verantwortlich.

Sechzig Jahre lang lockte das Studium chemischer Gradienten eine kleine, aber treue Gefolgschaft an. Aber das Thema zog auch deutliche Kritik auf sich. Eines der Hauptprobleme bei der Gradienten-These war, dass niemand auch nur die geringste Ahnung hatte, woraus die chemischen Substanzen bestehen sollten. In den sechziger und siebziger Jahren des zwanzigsten Jahrhunderts riss vielen Beobachtern dann der Geduldsfaden. Kritische Stimmen taten das ganze Thema als verworren und ungenau ab. Die Gradienten hatten ausgedient, als sich die Aufmerksamkeit der Wissenschaftsgemeinde mehr und mehr den Genen zuwandte.

Dreißig Jahre nachdem Morgan die Genorte bestimmt hatte, gab es noch immer keine Übereinstimmung darüber, woraus Gene bestanden oder wie sie funktionierten. In den vierziger Jahren favorisierten viele Biologen die Desoxyribonukleinsäure – DNA – als das genetische Material. Aber es gab noch immer Dissidenten, die daran zweifelten, dass das Molekül die notwendige Komplexität besitze, um Erbinformationen zu tragen. Und erst 1953, als James Watson und Francis Crick die Doppelhelixstruktur des DNA-Moleküls erstmals beschrieben, waren die letzten Zweifel über seine Rolle ausgeräumt.

Nach Watsons und Cricks Entdeckung wurde das Wissen über Gene zunehmend verfeinert. Das DNA-Molekül stellte sich als ein Code heraus, der in Sequenzen seiner vier Basen Adenin (A) und Thymin (T), Guanin (G) und Cytosin (C) Informationen enthält. In Wirklichkeit ist ein Gen ein langer DNA-Abschnitt mit seiner eigenen einzigartigen Sequenz dieser vier Buchstaben. Darüber hinaus entdeckte man, dass Gene keinen unmittelbaren Einfluss auf den Körper ausüben. Stattdessen übersetzen chemische Vermittler die in jeder DNA-Sequenz enthaltene Information in ein Proteinmolekül.

Proteine übernehmen viele verschiedene Aufgaben für den Körper. Einige funktionieren sozusagen als Ziegelstein und Mörtel des Lebens und verleihen Zellen und Bindegewebe strukturelle Einheit, während andere wiederum Enzyme sind – Katalysatoren, die chemische Reaktionen im Körper beschleunigen.

In den sechziger Jahren häufte sich das genetische Wissen mit atemberaubender Geschwindigkeit an. Für die Entwicklungsbiologie war es ein Schlüsselerlebnis, als entdeckt wurde, dass sich die Gene wie Schalter ein- und ausschalten lassen. Obwohl jede Körperzelle einen identischen Satz von Genen trägt, benutzt jede einzelne Zelle nur eine bestimmte Teilmenge des Ganzen. Eingeschaltete Gene produzieren Proteine, während ausgeschaltete Gene sich still verhalten und keine Proteine herstellen.

Es wurde deutlich, dass Zellen unterschiedliche Identitäten annehmen, weil sie verschiedene Sätze aktiver Gene für sich einspannen. Jeder Zelltyp stellt nur die Proteine her, die für seine Funktion geeignet sind. So produzieren beispielsweise Hautzellen Keratin, ein Protein, das dort Kraft und Elastizität verleiht, wo es am dringendsten gebraucht wird – an der Körperoberfläche. Deshalb haben Hautzellen ihr Keratin-Gen angeschaltet. Wobei jedoch Gene, die für Hautfunktionen nicht von Bedeutung sind – wie etwa Hämoglobin-Gene – ausgeschaltet bleiben. Umgekehrt produzieren Blutzellen große Mengen von Hämoglobin – das Protein, das Sauerstoff im Körper verteilt –, dafür aber kein Keratin.

Die Fähigkeit von Genen, ein- und ausgeschaltet werden zu können, könnte der Grund für die Bandbreite der Zellidentitäten sein. Aber die tiefer gehende Frage blieb unbeantwortet. Wer war es denn, der die Schalter umlegte? Wer beaufsichtigte und organisierte das ganze Unternehmen? Wer war der Architekt?

1946 begann Ed Lewis mit einer umfassenden Studie über die Baustelle der Fruchtfliege. Lewis gehörte zur zweiten Generation der Fruchtfliegen-Genetiker. Als Doktorand von Alfred Sturtevant hatte seine Karriere am California Institute of Technology gerade begonnen, als Morgans Laufbahn sich dem Ende zuneigte.

Lewis widmete seine Aufmerksamkeit *Bithorax* (doppeltes Flügelpaar), einem ungewöhnlichen Fruchtfliegen-Mutanten, bei dem die Organisation der biologischen Baustelle schief gelaufen war. Wie alle Mitglieder der Fliegenfamilie haben Fruchtfliegen ein einzelnes Flügelpaar. Das bei den meisten anderen Insektengruppen vorkommende zweite Flügelpaar hat sich zu kreiselnden Balancevorrichtungen entwickelt, die Schwingkölbchen (Halteren) genannt werden und wie winzige Hühnerkeulen aussehen. Zumindest verhält es sich so bei normalen Fliegen. Lewis aber stellte fest, dass *Bithorax* ein zweites Paar Flügel hatte, wo eigentlich die Schwingkölbchen hätten sein sollen. Bei näherer Betrachtung entdeckte er, dass nicht nur die Schwingkölbchen verschwunden waren. Das gesamte Körpersegment, an dem sie üblicherweise angebracht waren, war durch ein Duplikat des Segments ersetzt worden, das davor saß.

Diese Art der Modifikation, in der ein Körperteil so verändert wird, dass es etwas anderem ähnelt, wird «Homöose» genannt und taucht im gesamten Tierreich auf. Es gibt homöotische Krabben mit Fühlern anstelle von Augen und homöotische Nachtfalter mit Beinen anstelle von Flügeln. Es gibt sogar homöotische Menschen, obwohl die Ergebnisse selten derart spektakulär sind. Ein Freund von mir rühmte sich beispielsweise jahrelang seiner «dritten Brustwarze». Nachdem ich ihn in einer Kneipe ordentlich angestachelt hatte, ließ er sich nach ein paar Gläsern Bier schließlich dazu überreden, den Beweis dafür zu liefern. Irgendwie hatte ich erwartet, dass eine fleischige kleine Brust unter seinem halb aufgeknöpften Hemd zum Vorschein käme, sodass ich herb enttäuscht war, als er meine Aufmerksamkeit auf eine Art Leberfleck lenkte, etwa fünfzehn Zentimeter unter seiner ganz und gar normalen linken Brustwarze. Ob spektakulär oder nicht, diese überzähligen Brustwarzen sind das Ergebnis homöotischer Mutationen. Die *Bithorax*-Fliege war anders als die meisten Mutanten, die Morgan studiert hatte. Die nämlich wichen nur geringfügig von der Norm ab. Die Augenfarbe wechselte beispielsweise von Rot zu Weiß oder aus einem braunen Körper wurde ein gelber. Im Gegensatz dazu brachte die *Bithorax*-Mutation für den Körperplan der erwachsenen Fruchtfliege Veränderungen in großem Stil mit sich.

Trotz des Unterschieds im Maßstab der Wandlungen machte Lewis die aufregende Entdeckung, dass sich das Auftauchen von *Bithorax* – genau wie Morgans einfache Mutanten – auf eine Modifikation in einem einzigen Gen zurückführen ließ. Es bestand kein Zweifel daran, dass der Bau des Körpersegments einer Fruchtfliege viele verschiedene Zelltypen und die Interaktion Hunderter unterschiedlicher Gene erforderte. Lewis aber hatte ein Meistergen entdeckt, einen molekularen Architekten, der die Bauarbeit organisieren und koordinieren konnte. Die mutierte Form des Gens verhielt sich wie ein Architekt, der betrunken zur Arbeit erschienen war und beschlossen hatte, eine zusätzliche Küche im ersten Stock zu installieren, wo eigentlich das Badezimmer mit direktem Zugang zum Schlafzimmer hätte sein sollen.

Die molekularen Details von Lewis' Entdeckung erwiesen sich als furchterregend kompliziert. Zumindest bekommt man diesen Eindruck, wenn man in *Nature* den Artikel von 1978 liest, der die mehr als dreißigjährige Arbeit mit *Bithorax* zusammenfasste. Die Untersuchung war in vielerlei Hinsicht episch, denn sie begab sich allein aufgrund ihres schieren Umfangs und der fachsprachlichen Dichte auf neues Terrain. Hier ist eine Kostprobe:

> Von einer Substanz S_0, die bewirkt, dass LMS $\rightarrow$ LMT, wird vermutet, dass sie das Produkt *Ubx*$^+$ ist. Die Unfähigkeit von MT, in *Ubx*-Hemizygoten oder -Homozygoten LMT zu erzeugen, ist sodann vereinbar mit der erwarteten Reduzierung der S_0-Menge in jenem Segment.

Sobald man mehr als zwei Sätze auf einmal zu verdauen versuchte, überkam den Leser das Gefühl der Desorientierung, des Schwindels und der Übelkeit. Nie zuvor hatte ich jemals etwas derart Unzumutbares gelesen.

Doch all dies schien die Herausgeber von *Nature* nicht zu stören, die womöglich mit Hilfe mystischer Offenbarungen oder auch nur durch simples Raten zu dem Schluss kamen, dass diese Untersuchung ein Meilenstein sei, der eine Veröffentlichung wert war. Es erwies sich als die richtige Entscheidung. Nachdem die Geheimsprache entziffert worden war, blieben einige wirklich erstaunliche biologische Einsichten übrig.

Lewis hatte den Beweis für nicht nur ein Kontrollgen, sondern gleich für mehrere gefunden, die als Cluster entlang der Chromosomen der Fruchtfliege angeordnet waren. Der Gen-Cluster, auch *Bithorax*-Komplex genannt, kontrollierte die Entwicklung des Hinterteils der Fruchtfliege. Jedes Gen innerhalb des Clusters funktionierte wie eine molekulare Adresse im Körper der Fliege. Wenn also zum Beispiel ein Gen «Flügelpaar» sagte, dann trat in Zellen, wo dieses Gen aktiv war, ein ganzes Gefolge untergeordneter Gene in Aktion, sodass Zellen die Anweisung erhielten, ein Körpersegment mit einem Flügelpaar zu entwickeln. Ein anderes Gen sagte «Schwanzspitze», sodass Zellen, in denen dieser molekulare Architekt aktiv war, dazu gebracht wurden, ein Körpersegment an der Schwanzspitze zu entwickeln.

Ein paar Jahre nach der Veröffentlichung der zukunftsträchtigen Untersuchung von Lewis tauchte ein zweiter Gen-Cluster auf und füllte die Lücke, die der *Bithorax*-Komplex hinterlassen hatte. Der *Antennapedia*-Komplex (Fühlerbeine) beaufsichtigte die Entwicklung der Vorderseite des Fruchtfliegenkörpers und funktionierte ähnlich wie sein Gegenstück.

Eine der bizarrsten Eigenschaften dieser beiden Cluster war die Übereinstimmung der linearen Anordnung der Gene mit der linearen Anordnung der Körperteile. So kontrollierte zum Beispiel das Gen an der Spitze der Schlange im *Antennapedia*-Komplex die Entwicklung des vordersten Kopfteils, während die dahinter angeordneten Gene die entsprechend weiter hinten liegenden Körperteile beeinflussten. Und so ging es weiter bis zu dem Gen, das das hinterste Ende des Bithorax-Komplexes bildete und für die Schwanzspitze zuständig war. Die Bedeutung dieser linearen Korrespondenz ist noch immer unklar, weil sich eine Fruchtfliege auch dann völlig normal entwickeln kann, wenn die Anordnung dieser Gene gestört ist. Vielleicht ist es ein evolutionäres Überbleibsel aus der Vergangenheit, das Vermächtnis einer Zeit, in der die Anordnung der Gene wichtiger für eine erfolgreiche Entwicklung war.

Als Lewis' Artikel in Druck ging, setzten sich Christiane Nüsslein-Volhard und Eric Wieschaus, zwei europäische Biologen, gerade an ihr eigenes Mammutprojekt. Lewis hatte mit Genen gearbeitet, die während der Entwicklung erwachsener Tiere aktiv waren. Aber Nüsslein-Volhard und Wieschaus wollten zurück zu den Grundlagen. Sie wollten die Gene identifizieren, die an der frühen Entwicklungsphase des Fruchtfliegenembryos beteiligt waren – vom befruchteten Ei bis zur voll ausgebildeten Larve.

Nüsslein-Volhard und Wieschaus waren nicht daran interessiert, ein oder zwei Gene zu finden. Sie wollten ganz rigoros und systematisch alle Gene identifizieren, die die frühe Embryonalentwicklung beaufsichtigten. Ihr Konzept offenbarte diese ganz besondere Art von Wahnsinn, die oft Hand in Hand mit einem wahrhaft großen wissenschaftlichen Geist einhergeht. Ohne eine Vorstellung von der Menge der daran beteiligten Gene war es unmöglich vorherzusagen, welches Ausmaß ihre Arbeit annehmen würde.

Unbeeindruckt von ihren Kritikern rackerten Nüsslein-Volhard und Wieschaus weiter. Ihr Plan war denkbar einfach. Sie wollten Tausenden erwachsenen Fruchtfliegen mutagene Chemikalien verabreichen, in der Hoffnung, ein reichhaltiges Repertoire an Mutanten zu bekommen. Jede einzelne Fruchtfliege würde wahrscheinlich nur eine oder zwei neue Mutationen vorweisen. Aber zusammengenommen ergäbe die Fliegensammlung Mutationen, die den gesamten Gensatz der Fruchtfliege abdeckten. Sie wollten sehen, welche dieser Mutationen ernsthafte Störungen während der Entwicklung verursachte, und hofften, daraus Schlüsse ziehen zu können, was geschähe, wenn alles gut ginge, und somit eine Folge von Entwicklungsereignissen vom Ei bis zum Embryo zusammenzustückeln.

In ihrem winzigen Heidelberger Labor saßen sich Nüsslein-Volhard und Wieschaus an einem kleinen Tisch gegenüber und untersuchten gewissenhaft die Fließbandproduktion von mutierten Fruchtfliegenembryos, die auf der Bühne ihres eigens angefertigten Doppelmikroskops an ihnen vorbeidefilierten. Ein ganzes Jahr lang rührten sie sich so gut wie nie von der Stelle, während

Tausende von Fruchtfliegen sich über ihr gemeinsames Blickfeld bewegten.

Die Hingabe, mit der sie sich ihrer Forschung widmeten, war extrem, auch wenn Christiane Nüsslein-Volhard es vielleicht nicht ganz so sah. Rückblickend erinnerte sie sich einmal an diese Zeit:

> Es war eine äußerst schwierige, aber ziemlich aufregende Aufgabe. Es machte auch großen Spaß, da wir so viele interessante Entdeckungen machten.

In einer Hinsicht zumindest hatte Nüsslein-Volhard Recht. Ihre Ergebnisse waren äußerst interessant. Anfangs fanden sie fünfzehn mutierte Gene, die die Fruchtfliegen-Baustelle auf den Kopf stellten. Zusammen mit den homöotischen Genen lieferten sie einen groben Umriss der Zusammenarbeit von Genen hinsichtlich der Kontrolle und Organisation der Fruchtfliegenentwicklung.

Um das Gesamtbild von Genen und Entwicklung zu verstehen, stellen Sie sich bitte die Fliege im Rahmen der Geographie vor. Anstelle des Körpers stellen Sie sich zum Beispiel eine Karte der USA vor. Zu Beginn der Entwicklung gibt es nur einen einfachen Umriss des Landes. Dann kommt eine Gruppe von Kontrollgenen in Schwung, die den Umriss in Norden, Süden, Osten und Westen einteilen. Eine zweite Gengruppe, sagen wir, die «Staaten»-Gene, sind verantwortlich für die Aufteilung des Landes in fünfzig Staaten. Natürlich sind in allen Staaten die gleichen «Gene» präsent. Aber in Texas werden nur die «Texas»-Gene eingeschaltet, während in Maine nur die «Maine»-Gene zum Einsatz kommen. Als nächstes werden die «Landkreis»-Gene aktiv, die jeden Staat in eine Ansammlung von Landkreisen einteilen. Nach den Landkreisen lenkt wieder eine andere Gruppe von Kontrollgenen die Bildung von Dörfern und Städten in jedem Landkreis und so weiter.

An der Entwicklung waren hierarchische Aktionen verschiedener Gruppen von Meister-Kontrollgenen beteiligt, die sich der Reihe nach zusammenschlossen, um die fortlaufende Einteilung des Körpers in Regionen zu organisieren. Als befruchtetes Ei war die Fruchtfliege ein amorphes Oval mit nur wenigen unterscheidbaren Merkmalen. Während die Entwicklung voranschritt, erwarb die Fliege ein Kopf- und ein Schwanzende, ein Oben und Unten. Allmählich zerteilte sich der Körper in eine Reihe von Segmenten. Erst später würden die Segmente unter der Aufsicht der homöotischen Gene ihre unterschiedlichen Identitäten annehmen.

Lewis, Nüsslein-Volhard und Wieschaus hatten dem Puzzlespiel der Embryonalentwicklung einige wichtige Teile hinzugefügt, sodass allmählich eine schlüssige Geschichte zustande kam. Zellen unterschieden sich voneinander, weil sie verschiedene Gensätze eingeschaltet hatten, während Genabschnitte von Meister-Kontrollgenen eingeschaltet wurden.

1995 wurden ihre Forschungen offiziell anerkannt, als allen drei Biologen gemeinsam der Nobelpreis für Medizin und Physiologie verliehen wurde. Dass dies erst siebzehn Jahre nach der Veröffentlichung von Lewis' bahnbrechender Untersuchung geschah, mag daran gelegen haben, dass das Nobelpreis-Komitee so lange brauchte, um die verschlüsselte Prosa zu verstehen.

Die Entdeckung der Kontrollgene bei der Fruchtfliege löste einen entwicklungsbiologischen Zulieferboom aus. In den frühen achtziger Jahren kamen viele neue, wertvolle Werkzeuge für die Molekularbiologie auf den Markt, die die genetischen Manipulationen schneller und leichter als je zuvor werden ließen. Jetzt war es zum Beispiel möglich, einzelne Gene zu isolieren und zu klonen oder die DNA-Buchstabensequenz eines Gens auszuarbeiten. Plötzlich waren alle auf der Jagd nach Meister-Kontrollgenen.

Gewiss hat die Jagd auf Gene nicht den urtümlichen Reiz des Angelns oder der Pirsch mit dem Gewehr. Aber auch sie vermittelt den Kick, der mit dem Nervenkitzel der Verfolgung und der Ungewissheit des Erfolgs einhergeht. Für den ganz normalen, endlose Stunden ans Labor gefesselten Molekularbiologen ist die Jagd nach Genen so ziemlich das Aufregendste, was er in seinem Beruf erleben kann.

Bevor man jedoch auf die Jagd gehen kann, muss man natürlich etwas über seine Beute wissen. Gene bestehen aus DNA, einem doppelsträngigen Molekül. Ein einzelner DNA-Strang besteht aus einer langen Reihe DNA-Buchstaben: ATTCGGTATTCCA ... zum Beispiel. Vorausgesetzt, die Buchstabensequenz des einen Strangs ist bekannt, kann man automatisch die Sequenz des zweiten, *komplementären* Strangs bestimmen, weil die Buchstaben sich zu Paaren zusammenfinden. Der Buchstabe A paart sich stets mit T, während G sich immer C als Gegenüber aussucht. Wenn also ein Teil des Strangs beispielsweise die DNA-Sequenz ATCG hat, so lautete die Sequenz des komplementären Strangs entsprechend TAGC.

Obwohl die DNA normalerweise in ihrer doppelsträngigen Form vorkommt, können die beiden Stränge dazu veranlasst werden, sich im Reißverschlussstil voneinander zu trennen. Dazu muss man sie einfach nur einer höheren Temperatur aussetzen. Mit anderen Worten: Die DNA funktioniert wie der Reißverschluss an Ihrer Hose. Wenn's heiß wird, geht der Reißverschluss auf, und wenn die Situation abgekühlt ist, greifen die beiden Stränge wieder ineinander. Allerdings können sich auch zwei DNA-Stränge verzahnen, die nicht ganz genau komplementär sind. Vorausgesetzt, dass die meisten ihrer DNA-Buchstaben miteinander übereinstimmen, führen sie das Andockmanöver freudig aus.

Diese Bereitschaft der einsträngigen DNA, sich einem «fremden» Strang anzupassen, der eine ähnliche Sequenz hat, ist für das Angeln von Genen entscheidend. Um angeln zu können, braucht man einen Köder, und genetische Köder gibt es in der Form einsträngiger DNA. Der Köder ist aber nicht irgendeine alte DNA-Sequenz. Er besteht aus einem Gen desjenigen Typs, nach dem man sucht. Der dahinter stehende Gedanke ist einfach: Gene, die eine ähnliche Funktion gemeinsam haben – wie zum Beispiel als Kontrollschalter in der Entwicklungsphase zu dienen –, verschlüsseln normalerweise auch ähnliche Proteine und haben deshalb auch entsprechend ähnliche DNA-Sequenzen. Die Vorgehensweise besteht also darin, die einsträngige DNA eines Gens als Köder zu benutzen, um andere Gene «einzufangen», die ähnliche Sequenzen haben. Der Köder wird dann in einen Behälter herabgelassen, der eine Mischung aus allen Genen eines Organismus enthält. Unter den richtigen Temperaturbedingungen wird sich der Köder im Reißverschlussverfahren bei den Genen neu einfädeln, die eine ähnliche DNA-Sequenz aufweisen.

Praktisch gesehen, kann bereits die Beschaffung des Köders zu einem ziemlich arbeitsaufwendigen und mit viel Sorgfalt durchzuführenden Unternehmen werden. Der Erste zu sein, der ein neues Gen isoliert und sequenziert, ist immer der schwierigste Teil eines jeden Jagdausflugs. Was die Fruchtfliege betrifft, dauerte es Jahre, um die erste DNA-Sequenz eines Kontrollgens zu erhalten.

Doch als der Köder erst einmal identifiziert war, erwies er sich als äußerst effektiv. Erste Angelexpeditionen kamen mit einer reichen Ausbeute an Genen zurück. Und was noch wichtiger war: Alle diese Gene hatten den gleichen Abschnitt der DNA-Sequenz gemeinsam. Es war ein DNA-«Motiv», das zuvor schon aufgefallen war, allerdings nicht bei Fliegen, sondern bei Bakterien, Viren und Hefen. Und es war charakteristisch für einen Proteintyp, der – im

Stil von *StarTrek* – an das DNA-Molekül andocken und andere Gene ein- oder ausschalten konnte.

Hier lag also die Bestätigung vor, dass beim genetischen Fischzug Kontrollgene ins Netz gegangen waren, die am DNA-Molekül im Zellkern festmachen und die Aktionen untergeordneter Gene orchestrieren konnten. Das charakteristische DNA-Motiv wurde Homöobox genannt und wurde zu einem sofort erkennbaren DNA-Abzeichen, das ein Gen als Kontrollgen identifizierte.

Erfolgstrunken wagten sich die Biologen auf ihren Fischzügen in fremde Gewässer vor. Sie suchten auch in anderen Spezies außer der Fruchtfliege nach Kontrollgenen, benutzten dafür aber ebenfalls den Fruchtfliegenköder. Und schon bald gingen ihnen überall Homöobox-Gene ins Netz. Man fand sie in Tausendfüßlern, Regenwürmern, Fischen, Fröschen, Mäusen, Kühen und Menschen. Als die Suche weiter ausgedehnt wurde, um immer mehr unvereinbare Elemente des Tierreichs zu umfassen, wurde schon bald klar, dass die Homöobox-Gene allgegenwärtig sind. Selbst Pflanzen sind stolze Eigentümer eines gepflegten Homöobox-Gensatzes.

Eines ist klar geworden: Entwicklungsgene sind äußerst alte und konservative Knochen. Vor vielen hundert Millionen Jahren fand die Evolution eine wirksame Methode, einen Kopf, einen Rumpf und einen Schwanz zu formen. Mit Ausnahme einiger geringfügiger Veränderungen scheint sie seitdem daran festgehalten zu haben. Trotz der verwirrenden Vielzahl von Körperformen sieht es ganz so aus, als werde der größte Teil der Lebewesen durch Anwendung der gleichen Designgrundregeln entworfen.

Einige Entwicklungsgene des Menschen und der Fruchtfliege sind einander so ähnlich, dass sie ihre Aufgabe sowohl in Fliegen als auch in Menschen erledigen können. Man kann ein Homöobox-Gen der Fruchtfliege ausschalten und es durch das menschliche Gegenstück ersetzen, und die Fruchtfliege wird sich ganz normal entwickeln. Obwohl einige Entwicklungsgene durch 500 Millionen Jahre Evolution voneinander getrennt sind, scheinen sie bisher nicht auf die Beine gekommen zu sein.

Angesichts der Tatsache, dass die Entwicklungsgene sich ähneln, stellt sich die Frage, warum wir keine menschlichen Entsprechungen der extremen Fruchtfliegenmutanten sehen. Menschen sind viel komplizierter und vielleicht nicht so robust wie Fliegen, wenn es um großmaßstäbliche Neuarrangements ihres Körperbauplans geht. Doch es gibt menschliche Äquivalente. Nur dass sie nicht den Bildern in Comicbüchern oder der Collage des verkorksten Mannes in meinem Traum ähneln. Viele von ihnen sterben – wie im Fall der Fruchtfliegen –, bevor sie die Gelegenheit bekommen, sich weiterzuentwickeln. Die meisten Mutationen in menschlichen Kontrollgenen stürzen den Bauplatz des menschlichen Körpers bereits in einer frühen Entwicklungsphase ins Chaos. Von den etwa fünfzehn Prozent menschlicher Schwangerschaften, die mit einer spontanen Fehlgeburt enden, sind viele vermutlich auf Mutationen in den Kontrollgenen zurückzuführen.

Nicht alle Mutationen in Kontrollgenen haben derart katastrophale Auswirkungen, aber man sollte sie auch nicht auf die leichte Schulter nehmen. Eine Mutation in der menschlichen Entsprechung des Fruchtfliegengens *paired* führt zu einem unangenehmen Zustand, der Waardenburg-Syndrom genannt wird, zu dessen Symptomen Taubheit und Mängel im Gesichtsskelett gehören. Eine andere Mutation im menschlichen Gen *Aniridia* verursacht den vollständigen Verlust der Iris.

Wie schon ihr Name suggeriert und ihre Auswirkungen bezeugen, spielen Kontrollgene eine entscheidende Rolle in der Entwicklung. Aber sie sind nicht das Nonplusultra der ganzen Entwicklungsgeschichte. Kontrollgene beantworteten die Frage, wie Genabschnitte in den Zellen angeschaltet werden. Aber wenn sie dies taten, beschworen sie selbst ein neues Problem herauf. Wenn Kontrollgene ganze Fluchten untergeordneter Gene regulieren, wer oder was beaufsichtigt dann die Kontrollgene? Was entscheidet darüber, wann diese Gene ein- oder ausgeschaltet werden?

Die Entwicklungsbiologie lief Gefahr, in eine endlose Schleife genetischer Ursachen und Wirkungen zu geraten. Was kontrollierte die Gene, die die Gene kontrollierten, die die Gene kontrollierten, die die… ? Doch die Rückkehr eines guten alten Bekannten hat die Entwicklungsbiologie aus diesem ewigen Teufelskreis befreit. Chemische Gradienten sind in den biologischen Mainstream zurückgekehrt.

Biologen erkennen nunmehr an, dass chemische Gradienten die Kontrollgene in der Entwicklung der Fruchtfliege anwerfen. Lange bevor ein Spermium auf der Bildfläche erscheint, formieren sich Gradienten im rechten Winkel zueinander entlang den drei Achsen des Fruchtfliegeneis. Die lokale chemische Konzentration entlang einem Gradienten wird an die sich teilenden Zellen im Ei weitergegeben, sodass die unter diesen Anweisungen agierenden Zellen allmählich die grundlegenden Positionen wie vorn/hinten, oben/unten und links/rechts festlegen.

Die Embryonalentwicklung ist eine komplizierte Angelegenheit. In mancher Hinsicht ähnelt sie der musikalischen Aufführung einer Band oder eines Orchesters. In beiden Fällen verlässt man sich auf die Interaktion einer großen Zahl einzelner Mitwirkender. Das fertige Produkt, sei es eine Symphonie, eine Fruchtfliege oder ein menschliches Wesen, wird nur dann die ursprünglich vorgesehene Form erhalten, wenn jeder Bestandteil mit allen anderen Komponenten richtig agiert und kommuniziert. Eine gerissene Saite oder ein nicht getroffener Ton wird kaum das Gelingen des ganzen Stücks infrage stellen. Aber wenn der Schlagzeuger zu früh einsetzt oder der Dirigent eingeschnappt von der Bühne stürmt, kann das ganze Gefüge durchaus einstürzen.

Sie könnten jetzt argumentieren, der Vergleich zwischen der Embryonalentwicklung von Fruchtfliegen und der von Menschen ähnele ein wenig dem Vergleich zwischen den Monkees, einer Retorten-Popband der sechziger Jahre, und Gustav Mahler; und Sie könnten sogar Recht haben. Aber wenn es um das Verständnis der musikalischen Grundlagen geht – Rhythmus, Melodie und Harmonie –, kann Ihnen ein dreiminütiger Popsong genauso viel vermitteln wie die herrliche Polyphonie einer Mahler-Symphonie. Machen Sie die Fruchtfliegen nicht schlecht. Sie sind die junge Generation. Und sie haben uns etwas zu sagen.

3

Einfache Fahrt

An den Westhängen der Sierra Nevada, irgendwo zwischen den Eichen, Kiefern und Zedern eines unberührten kalifornischen Waldes, wird in diesem Augenblick ein durchsichtiges Röhrchen, nicht viel größer als ein Mäuseköddel, sein Innerstes offenbaren. Eine wilde Fruchtfliege, die ihre Entwicklung abgeschlossen hat, ist bereit, ihre Puppenhülle zu verlassen und sich auf ein kurzes, aber hektisches Erwachsenenleben einzulassen.

Die Hitze der Spätnachmittagssonne erzeugt eine Bruchlinie, die durch die knirschende Puppenhülse rast, und ein feuchter, glänzender Körper klettert heraus und fliegt dem Himmel entgegen. Allererste ruckartige Bewegungen bringen die Fliege zu einem passenden Ast auf dem Baum, wo sie sich zum Trocknen niederlässt.

Nach einer Phase stillschweigender und regloser Seelenruhe beendet die Fliege mit heftigen Zuckungen diesen Zen-ähnlichen Zustand. Bei der Erkundung der Baumrinde sind ihre Bewegungen jetzt bereits selbstsicher und präziser. Während sich die Fliege an den anspruchsvolleren Dimensionen der Erwachsenenwelt orientiert, erhebt sie sich in die Luft und schwirrt ab auf ihren Jungfernflug.

Am Waldrand, wo imposante Bäume an eine wilde Wiese

grenzen, legt sie eine Pause ein. Während die Sonne hinter den Bäumen versinkt, verblasst allmählich die bunte Farbenpracht der Wiese, und die pastellenen Schatten verschwimmen zu einer eintönigen, matschbraunen Ebene. Der Sonnenuntergang scheint eine ideale Zeit für die Befriedigung fleischlicher und kulinarischer Gelüste zu sein. Und während die Schatten sich zur Nacht verdichten, stiehlt sich die junge Fliege in die Dunkelheit hinaus.

Am nächsten Morgen erwacht der in Russland geborene Biologe Theodosius Dobzhansky recht früh. Hastig schlingt er Eier und schwarzen Kaffee zum Frühstück hinunter und macht sich sodann auf den Weg, um seine Fallen zu inspizieren. Er ist in guter Stimmung. Es ist großartig, wieder einmal die Stadt hinter sich gelassen zu haben und etwas Zeit in der Natur verbringen zu können. In den letzten Jahren war ein kleines, abgelegenes Blockhaus am Rande des Yosemite Parks für Dobzhansky zur zweiten Heimat geworden. Draußen, in der Wildnis, konnte er seiner doppelten Leidenschaft frönen: dem Zelten und der Feldforschung. Für Dobzhansky war dies bereits das Paradies, ohne dass er den sonst üblichen Eintrittspreis dafür zahlen musste.

In den Wiesen geht Dobzhansky langsam und bedächtig von Falle zu Falle. Behutsam inspiziert er den Inhalt jeder Falle, bevor er sich zur nächsten aufmacht. Es muss wohl eine ruhige Nacht gewesen sein, denn alle Fallen sind leer. Das heißt, alle bis auf eine Ausnahme. Dobzhansky bewegt sich dorthin, wo die Wiese in den Wald übergeht. Ein Lächeln huscht über sein Gesicht, als er in die Falle hineinstarrt und eine junge männliche Fruchtfliege entdeckt, die sich im klebrigen Brei einer vergammelten Banane windet.

In den dreißiger Jahren war Dobzhansky ein Radikaler in Sachen Fruchtfliege. Er gab die Arbeit mit der gezähmten *Drosophila me-*

lanogaster, dem Star des «Fliegenraums» und gut einer Million Laborkreuzungen, zugunsten von *Drosophila pseudoobscura* auf, einer wilden und weniger bekannten Fruchtfliegencousine. Damit half er, eine Brücke zwischen zwei entgegengesetzten biologischen Traditionen zu bauen.

Man hat es sich schon immer viel zu leicht gemacht, wenn man die Biologen in zwei unterschiedliche Lager einteilte, nämlich die Experimentalisten – repräsentiert durch Morgan – und die Naturhistoriker, vertreten durch Darwin. Das Vermächtnis dieser Spaltung kann man noch heute besichtigen. Zeitgenössische Biologen neigen – wie menschliche Bauchnabel – dazu, zu einer von zwei Kategorien zu gehören: zu den «Drinnys» oder den «Draussys». Die «Drinnys» sind die heutigen Nachfahren der Experimentiertradition und verbringen ihr gesamtes Arbeitsleben drinnen im Labor. Sie fühlen sich am wohlsten, wenn sie am Computer oder auf der Laborbank sitzen, und bekommen akute Migräneanfälle, wenn sie sich direktem Sonnenlicht aussetzen. Biochemiker, Molekularbiologen, Genetiker und Experten für mathematische Modellierung gehören zu dieser Gruppe. Kaum einer von ihnen hat ein eigenes Fernglas.

Im Gegensatz dazu sind die «Draussys» als moderne Entsprechung der Naturalisten Labor-Analphabeten. Sie wissen zwar, wie man eine Kühlschranktür öffnet, aber das ist dann auch schon so ziemlich alles, was ihr Laborwissen hergibt. Das ficht einen echten «Draussy» natürlich nicht an. «Draussys» sind mehr daran interessiert, ihre ganze Energie darauf zu verwenden, sich einen üppigen Bart wachsen zu lassen und sich die lateinischen Namen Tausender verschiedener Vogelarten zu merken. Jeder «Draussy» ist stolzer Besitzer eines sündhaft teuren Fernglases, das er immer bei sich trägt, wobei der Name des Herstellers gut lesbar sein muss. Zu dieser Kategorie gehören die Ökologen und – na ja, das war's dann auch schon.

Gelegentlich jedoch begegnet man einem Biologen, der weder «Drinny» noch «Draussy» ist, sondern einer dritten Kategorie angehört: den «Zwischendrinnys». Das sind die seltenen Persönlichkeiten, die sich sowohl im künstlichen Licht als auch in natürlicher Umgebung gleichermaßen zu Hause fühlen – Menschen, die Petrischalen von Pelikanen unterscheiden können und denen es irgendwie gelingt, beides in einem einzigen Experiment zu vereinen.

Vermutlich war Dobzhansky die erste, mit Sicherheit aber die bedeutendste Verkörperung eines «Zwischendrinnys». Er widmete seine Zeit zu gleichen Teilen der Feld- und der Laborarbeit. Im Sommer sammelte und studierte er die Fruchtfliegen in freier Wildbahn, um sie dann im Winter für weitere Beobachtungen ins Labor zu holen. Sein Bruch mit der Tradition war ein mit Bedacht gewählter Schachzug, um biologische Experimente auch außerhalb des Labors, nämlich in der großartigen Natur, durchzuführen.

Dobzhanskys neuer Ansatz zur wissenschaftlichen Praxis war nicht nur revolutionär, sondern auch außerordentlich produktiv. Als er mit der Fruchtfliege hinaus in die freie Natur ging, modernisierte er die Evolutionsbiologie. Er kombinierte sowohl Elemente der experimentellen als auch der naturalistischen Tradition und verknüpfte die Genetik mit der Darwin'schen Evolution. So trug er mit dazu bei, dass daraus die neue Wissenschaft der Evolutionsgenetik geschmiedet wurde.

Es hätte alles ganz anders kommen können, wenn Dobzhansky sich entschlossen hätte, in seinem Heimatland zu bleiben, statt nach Amerika zu gehen. Wäre er geblieben, hätte er mit an Sicherheit grenzender Wahrscheinlichkeit das gleiche Schicksal erlitten, das seinen Kollegen und Zeitgenossen wie zum Beispiel Nikolaj Wavilow und Millionen anderen Sowjetbürgern widerfuhr, die bei Stalin in Ungnade gefallen waren.

So aber kam er 1927 im Alter von siebenundzwanzig Jahren in die USA, um sich Morgans Team in New York anzuschließen. Ur-

sprünglich war es seine Absicht, ein Jahr zu bleiben – so lange
währte sein Rockefeller-Forschungsstipendium –, um dann nach
Russland heimzukehren und an der Leningrader Universität ein
Fruchtfliegenlabor einzurichten. Aber da das politische Klima in
der Sowjetunion immer unangenehmer wurde, blieb er langfristig
in den USA.

Ganz abgesehen von den politischen Verhältnissen, war der
Wechsel zu Morgans Labor ein Traumlos für Dobzhansky. Er hatte
alles über Morgans Arbeit in den frühen zwanziger Jahren gelesen.
«Das war schon so eine Art Offenbarung», bemerkte er einmal,
«… zu dieser Zeit war Genetik *das* Ding überhaupt. Morgan war
ein Held und Heiliger.» Held oder nicht – als er an der Columbia
University eintraf, war Dobzhansky entsetzt über Morgans Arbeitsplatz. Der Schmutz und der chaotische Zustand des «Fliegenraums», die Kakerlaken in den Schreibtischschubladen, Gerüche,
die der Nase zusetzten, der ständige Lärm klirrender Flaschen – so
hatte er sich sein wissenschaftliches Idol nicht vorgestellt.

Obwohl Dobzhansky ein großer Fan von Morgans Arbeit über
Genetik war, hatten die beiden Männer völlig unterschiedliche
wissenschaftliche Ansichten, vor allem wenn es um Evolutionsbiologie ging. Morgan neigte dazu, evolutionäre Ideen geringschätzig
zu betrachten. Seiner Ansicht nach war die Evolutionsbiologie als
typisches Produkt der Naturalistentradition in höchstem Maße
spekulativ und unwissenschaftlich.

Morgans Standpunkt war typisch für einen selbst ernannten
Experimentalbiologen, der in einer Kultur aufgewachsen war, die
die Biologie in zwei Lager spaltete. Dobzhansky jedoch war diese
Sicht der Dinge völlig fremd. Die Trennung in Experimentalisten
und Naturalisten war vor allem eine Erfindung des Westens. Im
Osten gab es keine derart etablierte Zweigleisigkeit. Der sowohl
mit Experimentalwissenschaft als auch mit Feldforschung vertraute Dobzhansky sah keinen Konflikt zwischen beiden Lagern,

sodass er Morgans Feindseligkeit und Hochnäsigkeit gegenüber Evolutionsbiologie und Feldstudium schwer verdaulich fand.

Betrachtet man Morgans häufige Einwände gegenüber evolutionären Gedanken, ist es erstaunlich, dass er drei Bücher schrieb, die das Wort «Evolution» im Titel führen. All seine Bücher machen seine ständig wiederkehrenden Probleme mit der natürlichen Selektion deutlich. In seinem letzten Buch zu diesem Thema *The Scientific Basis of Evolution* (Die wissenschaftliche Grundlage der Evolution), das 1932 veröffentlicht wurde, schien Morgan davon überzeugt zu sein, dass die natürliche Auslese endgültig tot und begraben sei. Er stellt einmal sogar die kühne Behauptung auf, dass, «wie wir heute wissen, die mit der Theorie der natürlichen Selektion verbundene Behauptung, sie bevorzuge die außergewöhnlichen Individuen einer Population und lenke somit die nächste Generation weiter in diese Richtung, falsch ist».

Man weiß nicht so recht, wie Morgan an seine Informationen kam, aber seine Quellen waren erschreckend ungenau. 1932 erlebte Darwins natürliche Auslese einen Wiederaufschwung, sodass Morgans Ansicht definitiv die einer Minderheit war. Die aus verschiedenen Quellen stammenden Beweisstücke zeigten, dass die Selektion zu Richtungsänderungen bei den sichtbaren Eigenschaften von Pflanzen und Tieren führen konnte. In den Labors wurde bewiesen, dass alle möglichen Merkmale, von der Breite eines Pigmentstreifens auf dem Rücken einer Haubenratte bis zur Anzahl der Haare auf dem Körper einer Fruchtfliege, der Selektion unterliegen. Auch in der «Wirklichkeit» ließen die Erfahrungen erfolgreicher Tier- und Pflanzenzüchter die formgebenden Kräfte der natürlichen Auslese glaubwürdig erscheinen.

Morgans Unfähigkeit, der natürlichen Selektion ins Auge zu sehen, ergab sich aus seiner grundsätzlichen Verkennung der genetischen Variabilität in natürlich vorkommenden Populationen. Obwohl er anerkannte, dass die in seinem Labor auftauchenden mutierten Fruchtfliegen auch in der Natur vorkamen, betrachtete er diese Fliegen als Anomalien einer (idealisierten) «Wildart». Natürliche Populationen, so glaubte er, seien in Wirklichkeit homogene Ansammlungen genetisch identischer Individuen. Da er die Existenz vererbbarer Unterschiede zwischen Einzelnen leugnete, überrascht es kaum, dass er auch der natürlichen Selektion keine bedeutende Rolle in der Evolution zugestand.

Vielleicht war Morgan auch einfach zu lange an seinen Schreibtisch gefesselt gewesen. Hätte er mehr Zeit draußen verbracht, wäre er vielleicht eher bereit gewesen, die Ansichten der Naturalisten zu akzeptieren, die sie seit Jahren schon vertraten. Vor allem die, dass Populationen ein großes Variabilitätspotenzial haben. Nehmen wir beispielsweise einhundert Fruchtfliegen aus der Wildnis und messen ein beliebiges Merkmal – Augenfarbe, Kopfbreite, Penislänge oder die Anzahl der Haare auf ihrer Rückseite – und für jedes dieser Merkmale und für weitere Hunderte von Merkmalen wird es messbare Unterschiede zwischen den Individuen geben. Misst man genügend Merkmale, wird schon bald deutlich, dass jedes Individuum in einer Population einzigartig ist.

Allerdings muss man sagen, dass Morgans Standpunkt nicht ganz so kurzsichtig war, wie er klingt. Vor 1933 gab es wegen selbstmörderisch intensiver Kreuzungsexperimente keine Möglichkeit, die *genetische* Variabilität auf Populationsebene zu messen. Natürlich war die Variabilität in Populationen groß. Aber das war nicht unbedingt das Gleiche wie genetische Variabilität. Schließlich sind Gene nicht der einzige Grund, warum sich Individuen voneinander unterscheiden. Auch die Umwelt kann dazu beitragen. Denken Sie zum Beispiel an Amerikaner, die durchschnittlich mehr wiegen als Engländer. Dieser Unterschied ist nicht auf Gene zurückzuführen. Amerikaner essen einfach mehr.

Ganz im Gegensatz zu Morgan verschlang Dobzhansky eifrig alles, was mit Darwin zu tun hatte. In der Sowjetunion waren Darwins Vorstellungen sehr viel tiefer in der Populärkultur verankert als im Westen. So behauptete Dobzhansky, schon mit dreizehn Jahren Darwins Buch *Über die Entstehung der Arten durch natürliche Zuchtwahl* gelesen zu haben. In seinen frühen Zwanzigern brachte er seine Sommerferien mit dem Studium der Variabilität in wilden Populationen russischer Marienkäfer zu. Mit seinem Wechsel an Morgans Labor hoffte er, alles über den neuen Zweig der Genetik zu erfahren, was sein Verständnis für evolutionäre Prozesse vertiefen sollte.

Aber die Mathematiker waren ihm bereits einen Schritt voraus. Seit Beginn des 20. Jahrhunderts hatten sie bei der Entwicklung evolutionärer Ideen mitgemischt und die Wissenschaft der Genetik vom Studium des Einzelnen in das Studium der Gene innerhalb von Populationen verwandelt. In den zwanziger Jahren integrierten Sewall Wright in den USA sowie Ronald Fisher und J. B. S. Haldane in Großbritannien die einfachen mathematischen Regeln Mendel'scher Genetik in Populationstheorien.

Die meisten Biologen konnten die Tragweite dieser mathematischen Modelle nicht ermessen. Das war kein Wunder. Biologen hatten seit jeher auf Kriegsfuß mit der Mathematik gestanden. Für den durchschnittlichen Biologen kann der bloße Anblick eines algebraischen Ausdrucks traumatisch sein. Viele Leute, die einen wissenschaftlichen Beruf ausüben wollen, entscheiden sich für die Biologie, nur um der Mathematik, mit der sich Physiker und Chemiker herumschlagen müssen, aus dem Weg zu gehen.

Doch selbst in der Biologie ist es schwierig, die Mathematik völlig zu umgehen. Es ist Leuten wie Fisher und Wright zu verdanken, dass es in der Evolutionsbiologie nur so davon wimmelt. Ich kann mich noch an das verwirrende Erlebnis erinnern, einige ihrer bahnbrechenden Untersuchungen «gelesen» zu haben. Konfrontiert mit der ersten Gleichung, beschäftigte ich mich ausführlich mit ihr, als wäre ich über einen neuen, mysteriösen archäologischen Fund gestolpert. Dann versuchte ich, mir einzureden, dass sich mir bei ausreichend tiefer Konzentration die wahre Bedeutung dieses abstrakten Kauderwelschs in einer Art Offenbarungsvision erschließen würde. So schlug ich mich durch. Und während sich immer mehr Text in Algebra verwandelte, nahm auch meine Verzweiflung zu, bis ich, auf dem Höhepunkt meiner Frustration, die Arbeit beiseite schleuderte, wo sie auf einem immer höher anwachsenden Stapel mit der Aufschrift «Später weiterlesen» landete.

Selbst wissenschaftliche Größen wie Morgan gingen der Evolutionsmathematik aus dem Weg. Auch Dobzhansky hatte Probleme, damit klarzukommen. Aber im Gegensatz zu Morgan biss er sich da durch. Dobzhansky bemerkte einmal:

> Ich bin überhaupt kein Mathematiker. Meine Art, Sewall Wrights Arbeiten zu lesen, besteht darin – und ich denke nach wie vor, dass dies durchaus vertretbar ist –, die biologischen Vermutungen, die er anstellt, zu untersuchen, seine Schlussfolgerungen zu lesen und Gott anzuflehen, dass alles andere dazwischen stimmen möge.

Mathematiker schufen eine völlig neue Art, die Evolution zu interpretieren. Statt Populationen von Pflanzen und Tieren als Ansammlung von Individuen zu betrachten, dachten sie ausschließlich an «Gene» und «Genpoole». Populationen wurden als Genreservoire modelliert, deren Vorkommen sich entsprechend ihrem selektiven Vorteil veränderte. Jedes Gen, das einen Wettbewerbsvorsprung im Existenzkampf versprach, würde sich demnach innerhalb einer Population weiter ausbreiten.

Dobzhansky war sich nur allzu bewusst, wie wichtig diese mathematischen Studien waren. Sie signalisierten die Entstehung einer theoretischen Struktur und folglich eine Entfernung von der Evolutionsbiologie. Jetzt war jemand gefragt, der bereit war, etwas zu tun, was wenige westliche Experimentalisten bisher gewagt hatten: aus ihren Labors herauszukommen, ins Freie zu gehen und die Theorie einem Test zu unterziehen.

1928 zog Morgan mit seinem gesamten Forschungsteam ins California Institute of Technology nach Pasadena um, einem Außenbezirk von Los Angeles. Der Ortswechsel tat Dobzhansky gut, dessen Vorliebe für Reisen und Camping zu der weiten, offenen kalifornischen Landschaft passte. Durch diese sommerlichen Exkursionen in die kalifornische Wildnis wurde Dobzhansky mit *Drosophila pseudoobscura* vertraut, mit der Fruchtfliege, die später seine Karriere prägen sollte.

Für Dobzhansky geschah die Umstellung von einer Drosophila-Art zur nächsten aus einer Notwendigkeit heraus. In den frühen dreißiger Jahren war das Labor-Faktotum *Drosophila melanogaster* so domestiziert, dass es im wahrsten Sinne des Wortes stubenrein war. Jeder Anflug von Naturhaftigkeit war schon längst verschwunden, als die Spezies die Wildnis zugunsten der bequemeren menschlichen Umgebung mit Mülltonnen, Weinkellern und Obstplantagen verlassen hatte. Hinzu kam, dass Populationen außerhalb des Labors von einzelnen Fliegen «kontaminiert» gewesen sein konnten, die aus dem Labor entkommen waren. Dobzhansky kam zu dem Schluss, dass er anderswo würde suchen müssen, wenn er die Genetik einer wirklich natürlichen Population studieren wollte.

Drosophila pseudoobscura war der ideale Ersatz. Sie war zwar wild, aber zugänglich: Es gab Populationen in Reichweite von Pasadena. (Geographisch ist sie über die westliche Hälfte von Nordamerika bis nach Mexiko hinein verbreitet. Außerdem gibt es eine einzelne isolierte Population in der Nähe von Bogota in Kolumbien, die vermutlich Gegenstand intensiver Überwachung durch die Drug Enforcement Agency – das US-Drogenbekämpfungsdezernat – ist.) Wie ihre bereits etablierte Labor-Cousine war sie sehr anspruchslos, was ihre Gewohnheiten betraf, sodass sie sich bald im Labor wie zu Hause fühlte.

Aber *Drosophila pseudoobscura* hatte andere, nicht auf den ersten Blick erkennbare Eigenschaften, die wie geschaffen waren für Dobzhanskys Zwecke. Bei der genetischen Variation in dieser Spezies ging es nicht einfach nur um verschiedene Versionen individueller Gene. Hier waren auch die unterschiedlichen Anordnungen der Gene auf dem Chromosom in Betracht zu ziehen. So konnte zum Beispiel die eine Chromosomenversion die Genanordnung ABCDEFG haben, während die andere vielleicht AB-*DC*EFG lautete und so weiter. Diese chromosomalen Varianten waren das Ergebnis von Mutationen, die man Inversionen nannte, in denen der Bruchteil eines Chromosoms, der eine Reihe von Genen enthält, nach vorn umgekehrt wird.

Inversionen wurden in den frühen Tagen des «Fliegenraums» entdeckt. Ursprünglich war es schwierig, sie zu finden, da man nur durch mühselige und arbeitsaufwendige Kreuzungsexperimente auf ihre Anwesenheit schließen konnte. Aber 1933 änderte sich plötzlich die Situation, als nämlich die Fruchtfliegen mit einer Überraschung in ihren Speicheldrüsen aufwarteten.

Die Chromosomen in den Speicheldrüsenzellen der Fruchtfliege sind riesig groß – tausendmal dicker als normale Zellen. Zu diesem Zeitpunkt wusste es noch niemand, aber die Dicke ist darauf zurückzuführen, dass die DNA des Chromosoms sich ohne Zellteilung viele Male selbst kopiert, sodass jedes Chromosom einer Packung Spaghetti ähnelt. Die chemische Einfärbung dieser überdimensionalen Chromosomen fördert dunkle Streifen auf ihrer gesamten Länge zutage, klar erkennbare Markierungen, die mit den Positionen spezifischer Gene übereinstimmten.

Die Speicheldrüsen-Chromosomen waren für Dobzhansky ein

Geschenk des Himmels. Er sah sich einfach das Streifenmuster unter dem Mikroskop an und konnte leicht die verschiedenen Chromosomen-Inversionen voneinander unterscheiden. Diese Chromosomen mit ihren deutlich erkennbaren Streifenmustern wurden zu biologischen Strichcodes, die erstmals als verlässliche Messmethode für genetische Variationen innerhalb von Populationen dienten.

Mitte der dreißiger Jahre war Dobzhansky viel auf Reisen, um die Fliegen aus dem gesamten Verbreitungsgebiet zu sammeln. Er reiste in den Süden nach Mexiko, in den Norden nach British Columbia und Alaska und östlich bis nach Nebraska und South Dakota. Tausende von Fruchtfliegen wurden nach Pasadena gebracht, wo ihre Chromosomen unter dem Mikroskop untersucht wurden.

Als Dobzhansky ernst zu nehmende Ergebnisse am laufenden Band produzierte, wurde sofort deutlich, dass die alte und mittlerweile längst überholte Vorstellung von Populationen als Ansammlungen genetisch identischer Individuen auf den Müllhaufen der Geschichte gehörte. Jede Population, die sich Dobzhansky anschaute, enthielt ein Reservoir an genetischer Diversität. Wie er und viele andere bereits vermutet hatten, war genetische Variation keine Anomalie, sondern eine wesentliche Grundvoraussetzung für Leben.

Um zu illustrieren, welche Art von Mustern Dobzhansky betrachtete, ist es viel einfacher, sich etwas anderes als Chromosomen vorzustellen. Nehmen wir zum Bespiel an, Dobzhansky hätte die Schuhe von Menschen in verschiedenen amerikanischen Städten studiert. Das zugrunde liegende Prinzip ist das gleiche. Schuhe kommen – genau wie Chromosomen und Gene – paarweise vor. Aber nicht nur das: Es gibt sie in einer Vielfalt verschiedener

Typen, die wiederum zwischen den Individuen variieren. Aus ästhetischen Gründen sehen die beiden Schuhe eines Paars normalerweise gleich aus. Aber für unsere Analogie wollen wir einmal annehmen, dass sie auch unterschiedlich aussehen können. Der Clou dabei ist, darauf zu achten, wie häufig verschiedene Schuhtypen in Populationen vorkommen. Schuhpaare von Einzelpersonen werden also ignoriert.

Wie bereits erwähnt, fand Dobzhansky zunächst heraus, dass es eine Menge genetischer Variation innerhalb jeder Population gab. Übertragen auf unser Schuh-Beispiel, gäbe es in jeder Stadt ungefähr ein halbes Dutzend verschiedener Schuhtypen. Doch gab es nicht nur Variabilität innerhalb einer Population, sondern auch zwischen den Populationen. Mit anderen Worten: In verschiedenen Städten gäbe es also unterschiedliche Profile von Schuhtypen. So wären beispielsweise Jesuslatschen und Mokassins in San Francisco beliebt, aber in Minneapolis eher selten anzutreffen, während hier Schneestiefel der letzte Schrei wären. In Dallas wiederum wären sowohl Jesuslatschen als auch Schneestiefel schwer aufzutreiben, dementsprechend würden Cowboystiefel vorherrschen. Designer-Freizeitschuhe wären in Los Angeles angesagt, aber in Seattle kaum vorhanden, stattdessen würden dort Gummistiefel überwiegen. Im Gegensatz dazu gäbe es in New York eine annähernd gleiche Mischung aller Schuhtypen, zu der auch die klassischen Oxford-Schuhe gehören müssten, die woanders nur schwer zu finden sein dürften.

Der Unterschied zwischen zwei Fliegenpopulationen war abhängig von der geographischen Entfernung zwischen ihnen. In der Schuhwerksprache bedeutete dies, dass die Schuhprofile von Los Angeles und San Francisco einander ähnlicher waren als die von Los Angeles und New York. Aber vor dem Hintergrund dieser grobkörnigen geographischen Muster fiel Dobzhansky ein feinmaßstäbliches Detail auf. Im selben Maße, wie Schuhprofile in

Venice Beach sich von denen im Zentrum von LA unterschieden, fand er heraus, dass nachbarschaftliche Fliegenpopulationen genetisch deutlich anders waren, wenn sie verschiedene Habitate besetzt hielten wie etwa eine Wiese, einen Wald oder unterschiedlich hohe Regionen eines Berghangs.

In Extremfällen konnten genetische Unterschiede zu Unvereinbarkeiten bei der Fortpflanzung führen. Wenn zum Beispiel ein Weibchen aus einer kolumbianischen Population von *Drosophila pseudoobscura* sich mit einem Männchen aus einer nordamerikanischen Population paarte, war der männliche Nachwuchs unfruchtbar. In diesem Beispiel war die reproduktive Isolation nicht vollständig, denn die weiblichen Nachkommen waren fruchtbar. Aber diese Art von Beweis überzeugte Dobzhansky, dass kleine, zunehmende genetische Veränderungen schließlich zu Fortpflanzungsschranken führen konnten. Dobzhansky glaubte, dass diese reproduktiven Unvereinbarkeiten die Grenzen zwischen den Arten festlegten.

In der Anhäufung genetischer Unterschiede sah er, wie zwei Populationen ebenso Unterschiede in Körpergröße, Farbe, Architektur der Geschlechtsorgane, Verhaltensauffälligkeiten und tausend anderen Merkmalen ansammelten, die letztendlich dazu führen konnten, dass sie sich nur zögernd miteinander paarten oder gar nicht mehr dazu in der Lage waren. In diesen deutlich erkennbaren genetischen Profilen glaubte Dobzhansky den Ursprung der Arten in seiner Anfangsphase zu erkennen.

Viele der von Dobzhansky studierten Profile waren nicht statisch, sondern in der Lage, sich über bemerkenswert kurze Zeiträume zu verändern. Als er beispielsweise damit anfing, einer Fliegenpopulation am Mount San Jacinto in Kalifornien monatliche Stichproben zu entnehmen, stellte er fest, dass das Vorkommen eines bestimmten Chromosomentyps jährlichen Zyklen unterworfen war. Im Kontext der Schuhanalogie hieße dies:

Schneestiefel würden im Winter von Minneapolis den Höhepunkt ihrer Popularität erreichen, einen Einbruch hingegen im Frühling und Sommer erleben, wenn Mokassins ihre Blütezeit hätten. Wenn es dann auf den Herbst zuginge, verringerte sich die Nachfrage nach Mokassins, während der Verkauf von Schneestiefeln wieder zunähme.

Was war also die Ursache dieser jahreszeitlichen Schwankungen? Anfangs machte Dobzhansky den Zufall oder das willkürliche Element im Vererbungsprozess für die Veränderungen verantwortlich. Aber er kehrte jedes Jahr zu derselben Population zurück und erhielt jedes Mal die gleichen Muster. Als ihm klar wurde, wie regelmäßig die Veränderungen waren, musste er Zufallskräfte ausschließen. Es gab wirklich nur eine alternative Erklärung für diese Schwankungen: die natürliche Selektion. Es sah so aus, als eigneten sich gewisse Chromosomentypen, ähnlich wie spezielle Schuharten, zu bestimmten Jahreszeiten besser für den Kampf ums Überleben als andere.

Es ist keine Übertreibung, zu behaupten, dass die Resultate vom Mount San Jacinto von Epoche machender Bedeutung für die Evolutionsbiologie waren. Die herkömmliche Betrachtungsweise der Evolution war die eines sehr langsamen Prozesses, der experimentell nur schwer oder unmöglich zu überprüfen war, weshalb Kritiker das Thema als unwissenschaftlich abgetan hatten. Aber hier, am Mount San Jacinto, konnte man der Evolution sozusagen bei der Arbeit zusehen. Hier musste man nicht eine Million Jahre auf das pompös verkündete Ergebnis warten, ein Beinknochen sei um zwei Millimeter länger geworden. Dies war evolutionärer Wandel unmittelbar vor den Augen des Betrachters.

Dobzhanskys Studien bestärkten die Biologen in ihrem Glauben an die Macht der natürlichen Selektion. Durch seine Arbeit mit der Fruchtfliege hatte er die mehr oder weniger gleich lautenden Vorhersagen der Theoretiker erfolgreich am lebenden Objekt bestätigt. Vorausgesetzt, die natürliche Selektion war stark genug, schien alles möglich zu sein.

1937 zog sich Dobzhansky bei einem Reitunfall eine ernsthafte Knieverletzung zu. Da er kein Faulenzer war, benutzte er seine Genesungszeit, um ein Buch mit der ausdrücklichen Absicht zu schreiben, die Evolutionsbiologie auf den neuesten Stand zu bringen. Das Ergebnis hieß *Genetics and the Origin of Species* und wurde auf Anhieb zum Klassiker. In Wirklichkeit nutzte er das Buch, um eine Synthese zwischen Theorie und Empirie vorzulegen, indem er evolutionäre Mathematik und die neuesten experimentellen Beobachtungen in eine schlüssige Form brachte. Damit fiel ihm die Rolle des Vermittlers zu, dem es irgendwie gelang, die abstruse mathematische Theorie für eingeschüchterte biologische Gemüter genießbarer und leichter verdaulich darzustellen. Außerdem war er der Garant dafür, dass die Chromosomen-Inversionen der Fruchtfliegen den Evolutionsbiologen genügend Gesprächsstoff für die nächsten Jahre lieferten.

Drosophila pseudoobscura mag zwar in freier Natur hilfreich bei der Vereinigung von Genetik und Evolutionsbiologie gewesen sein. Aber im Labor trug sie dazu bei, eine Kluft von den Ausmaßen des Grand Canyon zwischen Dobzhansky und Alfred Sturtevant, einem Mitglied der Fliegengruppe, entstehen zu lassen.

Früher einmal waren Dobzhansky und Sturtevant Kollegen und Freunde gewessen. Als Dobzhansky zum ersten Mal in die USA kam, war es Sturtevant, der ihn unter seine Fittiche nahm und ihn in alles einweihte. Und es war auch Sturtevant, der Dobzhansky die Vorzüge von *Drosophila pseudoobscura* gezeigt hatte. Sie hatten ein Labor miteinander geteilt und bei etlichen Fliegenprojekten eng zusammengearbeitet.

Beide waren daran interessiert, die Genetik auf evolutionäre Ideen anzuwenden, aber sie näherten sich dem Thema aus zwei verschiedenen Perspektiven. Sturtevant wollte der Erste sein, der mit Hilfe der Genetik die evolutionären Beziehungen zwischen verschiedenen Fruchtfliegenarten entzifferte. Dobzhansky hingegen war eher an den Mechanismen der Evolution interessiert als an ihren Hervorbringungen. Er wollte sich auf die Ursprünge der genetischen Unterschiede zwischen Populationen derselben Spezies konzentrieren.

Zumindest oberflächlich betrachtet boten ihre unterschiedlichen Ambitionen wenig Konfliktpotenzial. Anfang 1936 sprachen beide Männer über ein umfangreiches gemeinsames Projekt über die Genetik von Fruchtfliegen, das die Interessen beider zusammenbringen würde. Doch unter der Oberfläche brodelte es bereits. Und im Mai schließlich kam es zum Knall, sodass ihre Freundschaft darüber zerbrach.

Es begann damit, dass Dobzhansky eine Professur an der Universität von Texas angeboten wurde. Die Berufung war mit großem Prestigegewinn verbunden und spiegelte das hohe Ansehen wider, das er inzwischen in akademischen Kreisen genoss. Als Morgan davon hörte, machte er Dobzhansky sofort ein Gegenangebot. Und da der nicht wusste, wie er sich entscheiden sollte, vertraute er sich seinem Freund Sturtevant an.

Sturtevant machte ihm klar, dass er verrückt wäre, den Job in Texas nicht anzunehmen. Immerhin böte er ihm die Aussicht auf einen Haufen Geld, Laborraum und ein Forschungsteam. Außerdem sei es eine tolle Gelegenheit, akademische Unabhängigkeit zu gewinnen. Also nahm Dobzhansky das Angebot an. Aber nachdem er sich eine Weile den Kopf darüber zerbrochen hatte, änderte er seine Meinung und schrieb an die Universität von Texas, er wolle in Pasadena bleiben.

Als Sturtevant hörte, dass Dobzhansky nun doch blieb, konnte er seine Enttäuschung nicht verhehlen. «Seine Kinnlade klappte herunter», erinnerte sich Dobzhansky, «es war ganz offensichtlich, dass er meine Entscheidung nicht guthieß. Das war ein herber Schock.» Bestürzt über Sturtevants Reaktion, schrieb Dobzhansky sofort zurück an die Universität von Texas, er habe seine Meinung erneut geändert und wolle die Stelle doch annehmen. Aber der Posten stand nicht mehr zur Verfügung.

Seiner Reaktion nach zu urteilen, hoffte Sturtevant eindeutig, Dobzhansky nur noch von hinten zu sehen, obwohl die wirklichen Motive niemals restlos aufgeklärt wurden. Vielleicht hatte er die Nase voll von Dobzhanskys hemdsärmeligem Arbeitsstil und seinem Produktivitätswahn. Dobzhansky sagte gern, es sei Zeitverschwendung, einen Monat ins Land streichen zu lassen, ohne einen Artikel in Druck gegeben zu haben. Für einen Durchschnittsakademiker war diese Art von Statement irritierend genug, ganz zu schweigen für jemanden wie Sturtevant, dessen wissenschaftlicher Ansatz immer sorgfältig und methodisch war.

Vielleicht war seine Reaktion auch eher auf ihre unterschiedlichen wissenschaftlichen Interessen zurückzuführen. Offenbar hatte Sturtevant großes Vertrauen in seine eigene Auslegung evolutionärer Genetik, die er als Möglichkeit betrachtete, sich eine konkretere wissenschaftliche Identität aufzubauen. Womöglich befürchtete er, dass ihm Dobzhansky in die Quere kommen könnte.

Doch es stand noch eine Menge anderer Dinge auf dem Spiel, die für Sturtevants Wunsch sprachen, Dobzhansky loszuwerden. Vor diesem Zwischenfall hatte es in der Fliegengruppe Spannungen über Morgans bevorstehende Pensionierung und dessen Zögern gegeben, einen Nachfolger zu benennen. Wahrscheinlich dachte Sturtevant, die Stelle gebühre rechtmäßig ihm, eine nur allzu gerechte Belohnung für eine dem Gruppeninteresse geopferte Karriere. Aber da Dobzhansky mit von der Partie war, gab es dafür keine Garantie. Natürlich war Dobzhansky ein Freund.

Aber er war auch zum Rivalen geworden und mit fast zehn Jahren Altersunterschied ein wesentlich jüngerer obendrein.

Was auch immer die Gründe für Sturtevants Reaktion waren, der Zwischenfall hinterließ eine eiternde Wunde in der Fliegengruppe und signalisierte den Beginn ihres langsamen Dahinsiechens. Sturtevant zog aus dem Labor aus, das er mit Dobzhansky geteilt hatte, und die Kommunikation wurde auf das Mindestmaß an Höflichkeit reduziert. Der kollektive Geist, der diese Gruppe so lange Zeit geprägt hatte, verflüchtigte sich, während Dobzhansky sich an die äußerste Peripherie zurückzog.

Der plötzliche, tragische Tod von Calvin Bridges im Jahre 1938 verbesserte nicht gerade das schlechte Arbeitsklima. Er starb mit neunundvierzig Jahren an einem Herzinfarkt. Bridges war, genau wie Sturtevant, ein Gründungsmitglied der Fliegengruppe an der Columbia University gewesen, aber das war auch schon das Ende der Gemeinsamkeiten. Die Persönlichkeiten der beiden Männer hätten kaum unterschiedlicher sein können. Sturtevant arbeitete hart daran, das Image des Intellektuellen zu kultivieren. Er neigte zur Arroganz und war häufig intolerant gegenüber denen, die er als unter sich stehend betrachtete. Im Gegensatz zu ihm sah Bridges sich eher als technischen Experten und handwerklich begnadeten Arbeiter an, und die Leute fanden ihn außerordentlich sympathisch. Er strahlte eine unwiderstehliche Mischung aus Extravaganz, Großzügigkeit und Leichtgläubigkeit aus. Dobzhansky sagte einmal, er besitze einen göttlichen Funken.

Bridges war zudem recht unkonventionell. Nachdem er den Lebensstil der Fruchtfliege studiert hatte, schien er ihn als seinen eigenen anzunehmen. In den frühen zwanziger Jahren verließ er Frau und Kinder, ließ sich sterilisieren und wurde zum Apostel sexueller Promiskuität. Gesellschaftlich akzeptierte Vorstellungen von Verführung wurden zugunsten einer direkteren Annäherung aufgegeben. Vielleicht war sein Tod eine Konsequenz seines Lebensstils, der ihn schließlich einholte. Vielleicht hatte er aber auch nur ein krankes Herz.

Jetzt, da Bridges tot war, blieb Dobzhansky für zwei weitere Jahre in Pasadena. Seine Beziehung zu Sturtevant ging unterdessen kontinuierlich den Bach hinunter. 1939 ließ Dobzhansky in einem Brief an seinen Freund Milislav Demerec depressive Töne durchsickern: «Es ist besser, sich einfach gar nicht um einen Menschen zu kümmern, als nach vielen Jahren herauszufinden, dass er es nicht wert war, sich um ihn Gedanken zu machen.»

1940 wurde ihm eine Stelle an der Columbia University angeboten, die er sofort annahm. Für Dobzhansky hätte der Umzug nicht früh genug kommen können. So schrieb er an Demerec: «… ich habe die Umgebung von Pasadena gründlich satt, mit Ausnahme der natürlichen Umgebung – ich liebe die Berge, Wüsten und Täler und bedaure es sehr, sie zurückzulassen.» Als Dobzhansky schließlich fort war, schrieb Sturtevant ihm einen Brief voller Entschuldigungen und freundlicher Worte: «Dieser Ort hier wird uns seltsam erscheinen ohne dich, denn keiner von uns hat deine Energie und Tatkraft. Ja, du kannst davon ausgehen, dass wir dich vermissen werden.»

Trotz des Umzugs zurück nach New York hielt Dobzhansky an seinem jährlichen Ausflug ins Fruchtfliegenterritorium in der kalifornischen Wildnis fest. Er verbrachte lange, heiße Sommer in den San-Jacinto-Bergen Südkaliforniens und an den Westhängen des Yosemite Parks.

Nicht einmal der Zweite Weltkrieg konnte ihn von seiner Beschäftigung mit der Fruchtfliege abhalten. Während seine Landsleute gegen den Faschismus kämpften, befasste er sich mit dem für ihn nicht minder wichtigen Problem der Messung, wie weit Fruchtfliegen fliegen können.

Es mag vielleicht nicht plausibel klingen, aber das Wissen über die Reisegewohnheiten eines Tieres ist wichtig für das Verständnis der Evolution seiner Spezies. Wenn Tiere sich bewegen, nehmen sie ihre Gene mit sich. Streifen Individuen, die in einer Population geboren sind, umher und pflanzen sich in einer anderen Population fort, handeln sie sozusagen als «Rührlöffel» im Dienst der Vererbung, mischen Gene unter die Populationen und glätten die Unterschiede zwischen ihnen aus. Gibt es andererseits nur eine geringe oder gar keine Bewegung von Einzelwesen, ist das Potenzial für Populationen, getrennte evolutionäre Wege zu gehen, größer. Um die Bewegung von Genen zwischen Populationen zu beschreiben, bedienen sich die Genetiker des Begriffs «Genfluss» – übertragen auf das Beispiel mit den Schuhen könnte man von «Schuhfluss» sprechen. Die grundlegende Idee ist einfach. Je mehr Leute sich zwischen zwei Städten hin und her bewegen – also je größer der «Schuhfluss» ist –, desto ähnlicher werden sich die Schuhprofile der beiden Städte.

Ich muss zugeben, dass mir das Thema «Genfluss» besonders am Herzen liegt. Ob es etwas genutzt hat, weiß ich nicht, aber ich habe mich vier Jahre lang in den «Genfluss» vertieft – nicht bei Fliegen, sondern bei einer kleinen Mottenspezies. Es kommt nicht auf die Art an. Das Prinzip war genau das gleiche, das Dobzhansky fast ein halbes Jahrhundert zuvor nachgewiesen hatte. Mein Forschungsgelände, eine weite Sanddünenlandschaft an der Küste von Südwales, hatte nicht ganz den Reiz der kalifornischen Ausflugsgebiete von Dobzhansky. Doch wenn man sich über den Anblick und den Gestank der nahen Raffinerien hinwegsetzte, war es eben doch ein wunderschöner Arbeitsplatz. Das galt allerdings nur tagsüber. Denn bei Einbruch der Dunkelheit veränderte sich der Ort, und die sanften Bodenfalten und das schwankende

Auf und Ab der Dünen nahmen ein bedrohliches Aussehen an. Die Gefahr ging nicht etwa von der einheimischen Tierwelt aus, sondern von der benachbarten Menschenpopulation. Die Polizei warnte mich vor ein paar fragwürdigen Gestalten, die im Schutz der Dunkelheit in den Dünen herumlungerten und den «verschiedensten kriminellen Aktivitäten» nachgingen, wie die Polizei sich ausdrückte. Diese Information gefiel mir ganz und gar nicht. Die Nachtfalter, die ich studierte, hatten ihre aktivste Zeit mitten in der Nacht. Um genau zu sein, so gegen drei Uhr morgens.

Um überschauen zu können, wie weit sie flogen, markierte ich Hunderte von Motten mit fluoreszierendem Staub, sodass sie unter ultraviolettem Licht wie Leuchtkäfer glühten. Ich hatte solche Angst, von der ultravioletten Strahlung der Lampe verbrannt zu werden, dass ich mein Gesicht mit einer riesigen Plastikblende schützte und dicke Handschuhe sowie einen Schal trug. Aus der Ferne sah ich aus wie ein Alien aus einem billigen Science-Fiction-Film der fünfziger Jahre.

Allerdings gehörte ein nächtlicher Sonnenbrand noch zu meinen geringsten Sorgen. Was mich viel mehr beunruhigte, war die Frage, wem ich da draußen in der Finsternis begegnen könnte. Nachts waren die Dünen ein ruhiger und einsamer Ort, insbesondere wenn der Mond von Wolken verdeckt war. Manchmal drangen seltsame Geräusche durch die Stille. Sie kamen aus undefinierbaren Richtungen und klangen wie nichts, das ich jemals zuvor oder danach wieder gehört hatte. Verrücktes elektrisches Kreischen, heisere Schreie und lang anhaltendes Zischen. Waren dies lediglich natürliche Nachtgeräusche, ein Widerhall territorialer Auseinandersetzungen und Streitigkeiten über Sex und Nahrung? Oder war dies der Soundtrack zu den «verschiedensten kriminellen Aktivitäten»? Mehr als einmal sprintete ich zurück und suchte Zuflucht in meinem Auto, statt an Ort und Stelle zu bleiben, um es herauszufinden.

Vielleicht wären Fruchtfliegen ja die bessere Alternative zu den Motten gewesen. Immerhin waren deren Gewohnheiten nicht annähernd so antisozial. Für *Drosophila pseudoobscura* findet der Feierabendverkehr rund um den Sonnenaufgang und Sonnenuntergang statt. Zu diesen Zeiten inspizierte Dobzhansky täglich seine Fallen mit Bananenködern, um zu sehen, ob Fruchtfliegen hineingelockt worden waren.

Dobzhanskys Markierungstechnik war natürlich viel raffinierter als die meinige. Die Fliegen wurden nicht mit fluoreszierendem Puder, sondern mit einem mutierten Gen gekennzeichnet. Er zog Tausende von Fruchtfliegen mit leuchtend orangenfarbigen Augen auf und ließ sie wieder frei. Man konnte sie leicht von den wilden, rotäugigen Fruchtfliegen unterscheiden, die ebenfalls in den Fallen aufkreuzten.

Zudem waren Dobzhanskys Fliegen weitaus wagemutigere Reisende als meine Motten. Fruchtfliegen schafften schon mal bis zu hundert Meter am Tag. Im Gegensatz dazu konnten meine erbärmlichen kleinen Motten von Glück reden, wenn sie sich in ihrem ganzen Leben ein paar Meter von der Stelle rührten. Dies bedeutete potenziell, dass evolutionärer Wandel auch über sehr kurze Distanzen hinweg stattfinden konnte. Aus evolutionärem Blickwinkel betrachtet, gehörten Nachtfalter, die zwanzig Meter von ihren Artgenossen entfernt lebten, zu einer völlig anderen Population.

Zwar musste Dobzhansky nicht jeden Morgen um drei Uhr aufstehen, aber auch er litt unter dem Angstfaktor. Für ihn ging die Gefahr nicht von mitternächtlichen Streunern aus, sondern näherte sich ihm in der viel unheimlicheren Gestalt des Federal Bureau of Investigation (FBI). Ein Mann mit osteuropäischem Akzent, der während des Kriegs in abgelegenen Gebieten Kaliforniens umherwanderte, musste ja ihre Aufmerksamkeit und ihr Misstrauen erregen.

Wer weiß schon, was die paranoiden FBI-Agenten dazu bewegte. Vielleicht glaubten sie, Dobzhansky trainiere Fliegen für Aufklärungsmissionen, sodass sie ins Allerheiligste des Pentagon eindrangen und dem Feind Staatsgeheimnisse verrieten. Aus welcher Quelle sich auch immer ihr Misstrauen speiste, Dobzhansky musste sich jedenfalls einem zermürbenden und äußerst strapaziösen Verhör unterziehen.

Leider ist es mir nicht gelungen, Einblick in die Unterlagen zu bekommen, aber man kann sich ungefähr den Ton und den Inhalt des Gesprächs vorstellen:

FBI: Wie weit sind die Fliegen geflogen?
Dob.: Ungefähr hundert Meter am Tag.
FBI: Hmmm … die Entfernung vom Sicherheitstor bis ins Allerheiligste des Pentagon? Nicht ganz, aber ziemlich nahe dran. Sind Sie jemals in Washington gewesen, als Tourist oder geschäftlich? Mögen Sie Wodka? Wen mögen Sie lieber: den Ural oder die Rocky Mountains; Tennessee Williams oder Anton Tschechow; woher bekommen Sie die Bananen für die Fallen? Was ist der eigentliche Zweck Ihrer Arbeit?
Dob.: Um die Genetik natürlicher Populationen zu verstehen.
FBI: Klingt nicht sehr überzeugend.

Dobzhansky versuchte, den wissenschaftlichen Hintergrund seiner Arbeit zu erklären. Aber vor einem skeptischen FBI-Ermittler hatte er Probleme, überzeugende Argumente für die Evolutionsgenetik zu liefern. Hier hat Dobzhansky mein ganzes Mitgefühl. Schließlich habe auch ich oft genug versucht, meine Verwandten von der Wichtigkeit meiner Forschungsarbeit zu überzeugen. Aber meine Überzeugungsversuche sind immer wieder mit naserümpfender Geringschätzung abgeschmettert worden. Wie mein Onkel zu sagen pflegte: «Mit dem Geld, das wir Steuerzahler für

die bescheuerten Motten ausgeben, könnte man eine Überhol-
spur auf der M 25 zwischen Watford und Staines bauen.»

Wenn Sie – wie mein Onkel – zu den Menschen gehören, für
die Wissenschaft einen echten praktischen «Nutzen» für die
Menschheit haben muss, dann könnte es sein, dass Ihnen die Evolutionsgenetik nicht unbedingt gefällt. Für Evolutionsgenetiker ist
es schwierig, einen Nobelpreis zu gewinnen, und die Messung des
Aktionsradius von Fruchtfliegen trägt nicht gerade sehr viel dazu
bei, das Bruttosozialprodukt eines Landes zu steigern. Allerdings
wäre es voreilig, sie abschreiben zu wollen. Immerhin ist die Genetik von Populationen, ebenso wie die Genetik von Individuen, eine
universelle Sprache. Die Regeln, die für eine Fliegenpopulation gelten, sind dieselben, die für Populationen von Motten, Erdferkeln
und Menschen verantwortlich sind – selbst für eine Population
von Krebszellen in einem wachsenden Tumor.

Aber wer nach einem greifbaren Nutzen sucht, wird ihn auch
finden, wenn er sich nur ausreichend Mühe gibt. So benutzen zum
Beispiel Gerichtsmediziner die Erkenntnisse der Populationsgene-
tik, um zu beurteilen, ob die Übereinstimmung zwischen dem
DNA-Fingerabdruck eines Verdächtigen und den am Schauplatz
des Verbrechens gefundenen Spuren rein zufällig ist oder nicht.
Auch Anthropologen wenden die Populationsgenetik an, um die
Geschichte der Menschheit zurückzuverfolgen. Wie Sprachen und
Kulturen kann man die weltweite Verbreitung von Genen zu Rate
ziehen, um festzustellen, wie der Mensch die Erde besiedelt hat.

Bevor Biologen wie Dobzhansky in Erscheinung traten, wurden
Populationen wie Ansammlungen genetisch identischer Individuen betrachtet. Mit ein wenig Unterstützung seiner Fruchtflie-
gen-Freunde befreite Dobzhansky die Populationen von dieser

philosophischen Zwangsjacke. In dieser neuen aufgeklärten Welt waren Populationen Reservoirs genetischer Diversität, und Gene dienten als Währung des evolutionären Wandels. Die genetischen Profile von Populationen befanden sich durch eine Mischung untereinander agierender evolutionärer Kräfte in einem dynamischen Fluss. Darwins natürliche Auslese konnte genetische Populationsprofile formen, indem sie bestimmte Gentypen anderen vorzog. Eine Mutation – die ursprüngliche Quelle aller neuen Varietäten – war in der Lage, genetische Erneuerungen in Populationen einzuführen. Und der Genfluss konnte die Gene verschiedener Populationen mischen und die Unterschiede zwischen ihnen ausgleichen. In dieser neuen Weltordnung hing die Evolution vom Gleichgewicht zwischen diesen interagierenden Kräften ab.

Um zu verdeutlichen, auf welche Weise diese evolutionären Kräfte zusammenarbeiten können, werden wir ein letztes Mal auf die Schuh-Analogie zurückgreifen. Vergessen Sie einmal die historische Genauigkeit und stellen Sie sich vor, dass die Bevölkerung von Minneapolis entstand, als eine Gruppe von Bürgern aus Dallas vom Öl die Nase voll hatte und beschloss, nach Norden zu ziehen, um neue Weidegründe zu erschließen.

Wenn die auswandernde Population groß genug ist, so ist es durchaus wahrscheinlich, dass sie einen repräsentativen Querschnitt aller für Dallas spezifischen Schuhtypen mit sich führt. Wenn eine Splittergruppe jedoch klein ist, besteht die Möglichkeit, dass sie zufällig eine von persönlichen Vorlieben geprägte Auswahl des Dallas-Schuhprofils an den Füßen hat. Schuhtypen, die in Dallas eher selten sind, werden vermutlich nicht dabei sein. Andere Schuhtypen wiederum könnten überproportional häufig vorkommen. Diese zufälligen Veränderungen in der Häufigkeit von Genen oder Schuhen durch eine von Vorlieben geprägte Auswahl werden Gründereffekte genannt und stellen eine andere Möglichkeit dar, wie Populationen sich entwickeln können.

Nehmen wir, der Analogie zuliebe, an, dass die Splittergruppe einen repräsentativen Querschnitt der Dallas-Schuhtypen trägt. So haben also anfangs die beiden Populationen – Dallas und die Minneapolis-Gründer – identische Schuhprofile. Doch recht bald wird klar, dass Schuhe, die in Dallas ideal waren, in Minneapolis kein vernünftiges Schuhwerk abgeben. Wegen des kühleren Klimas im Norden bevorzugt die «natürliche Selektion» andere Schuhsorten, sodass die beiden Schuhprofile allmählich voneinander abweichen würden.

Wenn die natürliche Selektion ausreichend stark ist, werden diese Unterschiede trotz des Schuhflusses zwischen den beiden Städten beibehalten. Ist aber die natürliche Auslese schwach, könnten sich mit dem Fortziehen der Leute die Profile einander wieder annähern. Im Rahmen dieses dynamischen Flusses könnten einige Schuhtypen ganz und gar von der Bildfläche verschwinden. So dürften sich beispielsweise Cowboystiefel in Minneapolis nicht allzu lange halten. Unter diesen Umständen könnte nur eine weitere Zuwanderung – oder Mutation – aus Dallas dem Cowboystiefel in Minneapolis neues Leben einhauchen. Eine Mutation könnte auch für eine völlig neue Varietät sorgen, wofür die Plateauschuhe der siebziger Jahre ein ausgezeichnetes Beispiel darstellen.

Die Schuhprofile zweier Populationen könnten sich immer weiter auseinander entwickeln. Doch selbst wenn die Einwohner von Dallas und Minneapolis sich nicht mehr einander zugehörig betrachten, so führt doch ein anderer Schuhgeschmack nicht unbedingt zum Ursprung einer neuen Art. Es sieht so aus, als könnten Schuhe einen nur bis hierhin und nicht weiter tragen. Gene jedoch machen diesen letzten Schritt.

Die Genetik ließ Evolution und Ursprung der Arten in den Augen einer zuvor skeptischen wissenschaftlichen Gemeinde glaubwürdiger erscheinen. Auch die neue, weniger bekannte Fruchtfliegenart *Drosophila pseudoobscura* machte sich dadurch einen Namen. Mit einer Mischung aus gutem Urteilsvermögen und Glück war Dobzhansky über ein experimentelles System gestolpert, von dem die meisten Biologen nur träumen können.

Zweifellos drehte sich Darwin im Grabe herum. Sein ganzes Leben lang war die Glaubwürdigkeit seiner evolutionären Ideen durch den Mangel an genetischen Grundlagen erschwert worden. Die Genetik untermauerte nicht nur seine Theorie, sondern verwandelte die Evolutionsbiologie in eine experimentelle Wissenschaft. Das Beweismaterial für Darwins evolutionäre Ideen stammte aus vergleichenden Studien von Organismen und ihrer Umwelt, aus Fossilienfunden und aus dem Bereich der Tier- und Pflanzenzucht. So beeindruckend die Beweise auch waren, sie blieben immer noch deskriptiv und indirekt. Studien der Chromosomen von Fruchtfliegen gaben dem Ganzen einen willkommenen Hauch experimenteller Legitimität.

Ich bin mir sicher, Darwin hätte alles gegeben für einen Anteil an Dobzhanskys Beute. Vielleicht hätte er sich den Bart abrasiert und nackt auf der Jahreshauptversammlung der Linnaeus-Gesellschaft getanzt. Einer Gemeinde leidenschaftlicher Kreationisten hätte er womöglich «Ich bin geisteskrank» zugerufen; und es könnte sein, dass er sogar auf einen voll finanzierten Trip für zwei Personen zu den Galapagos-Inseln, mit der neuesten Schnabelmessausrüstung als Zugabe, verzichtet hätte. Dies alles und noch viel mehr hätte er vermutlich geopfert, wenn er an Dobzhanskys experimentellem Schatz hätte teilhaben können. Aber es sollte nicht so sein.

Geschah ihm ganz recht. Warum musste er auch Finken suchen und nicht Fruchtfliegen?

4

Die Schule der harten Schläge

Die siebziger Jahre waren eine Glanzzeit für die Fruchtfliege. In den dreißig Jahren zuvor war sie gezwungen gewesen, die zweite Geige hinter den Brigaden von Bakterien und Viren zu spielen. Aber im Disco-Jahrzehnt war die Fruchtfliege plötzlich wieder angesagt. Es war, als hätte die Aufbruchstimmung in der Wissenschaft die Atmosphäre des Labors aufgewühlt und flaschengerechte Wirbelwinde erzeugt, die die Fliegen aus ihrem Tiefschlaf rissen. Selbst Hollywood schien ausnahmsweise einmal mit dem Zeitgeist übereinzustimmen und drehte mit großem Budget den Kassenknüller *Superfly* mit dem tollen Soundtrack des legendären Soulmusikers Curtis Mayfield.

Das Epizentrum dieser wissenschaftlichen Renaissance lag in Deutschland, in einem kleinen molekularbiologischen Labor in Heidelberg. Und genau dort bereiteten die Entwicklungsbiologen Christiane Nüsslein-Volhard und Eric Wieschaus das Comeback der Fruchtfliege vor. Aber auch anderswo brachte sich die Fliege wieder ins Gespräch. In zehntausend Meilen Entfernung, im California Institute of Technology, entwickelte sich die Fliege zur Schlüsselfigur bei genetischen Verhaltensstudien.

Der Drahtzieher hinter diesen Verhaltensstudien war das wissenschaftliche Universalgenie Seymour Benzer. In den frühen vierziger Jahren begann Benzer als Physiker seine akademische Laufbahn. In den fünfziger Jahren wechselte er über zur Biologie und gehörte zur ersten Generation der Molekularbiologen. Einen Namen machte er sich mit der genauen Analyse der Molekularstruktur des Gens. In den Siebzigern wechselte er erneut die Richtung und wandte dieses Mal seine Aufmerksamkeit der genetischen Aufschlüsselung von Verhalten zu.

Eine der wichtigsten Errungenschaften Benzers im Laufe der siebziger Jahre war die Mitwirkung an einer entscheidenden Imageverbesserung der Fruchtfliege in der Öffentlichkeit. Obwohl es stimmt, dass sie eine maßlos sexhungrige Kreatur ist, räumte Benzer mit der Vorstellung von der Fruchtfliege als hirnlosem Insekt und sexbesessenem Roboter auf. Benzers Gruppe zeigte ganz im Gegenteil, dass die Fliege eine intellektuelle Ader hatte. Bei angemessenem Training konnte sie Informationen aufnehmen und speichern.

Überall auf der Welt müssen die Haushunde in ihren Körbchen gezittert haben, als diese Nachricht aus Benzers Labor drang. Ihr Ruf, Intelligenzbestien zu sein, hatte sie zur dominierenden Spezies auf dem Haustiermarkt gemacht. Nun aber war ein neuer Konkurrent im Revier aufgetaucht. Nahm man die Geschwindigkeit, mit der ein Tier Informationen speichern kann, als Maßstab für Intelligenz, dann nahmen sich die Fruchtfliegen Hunden gegenüber wie Miniatur-Einsteins aus.

Einem Hund etwas beizubringen kann Tage, Wochen oder bei weniger klugen Züchtungen gar Monate in Anspruch nehmen. Im Gegensatz dazu kann man eine Fruchtfliege in sage und schreibe zwei Minuten trainieren. Zugegeben, sie hört nicht auf Kommandos wie «sitz!» und «Platz!», aber wen wundert das schon? Sitzen ist nicht gerade die leichteste Übung für ein sechsbeiniges Tier wie die Fruchtfliege.

Verbale Kommandos kann man ein für alle Mal vergessen. Die

beste Möglichkeit, eine Fruchtfliege zu trainieren, ist der Einsatz von Gerüchen und Elektrizität. Und so wird's gemacht: Stecken Sie ein paar Fliegen in ein Reagenzglas. Blasen Sie einen kräftigen Duft in die Röhre und verpassen Sie gleichzeitig den Fliegen einen elektrischen Schock. Der sollte bei etwa sieben Volt liegen – das System wird durchgeschüttelt, aber nicht umgebracht. Nach einer Minute schalten Sie den Strom aus und füllen das Glas eine Minute lang – und ohne Schock – mit einem anderen Duft. Und das war's: Die Trainingsübung ist zu Ende.

Als Nächstes kommt das Examen, um zu überprüfen, ob die Fliegen durch Assoziation gelernt haben. Holen Sie die Fruchtfliegen aus dem Glas und setzen Sie sie an die Abzweigung in einem T-förmigen Labyrinth. Für die Fliegen beruht der Test auf der Entscheidung, ob sie zu Geruch Nummer eins wandern, der ihnen ursprünglich zusammen mit dem elektrischen Schock verabreicht wurde, oder zum schockfreien Geruch Nummer zwei. In einer durchschnittlichen Fliegenklasse werden neunzig Prozent den Test bestehen, indem sie zum zweiten Duft abwandern.

Bei einer einzigen Trainingseinheit wird lediglich das Kurzzeitgedächtnis der Fruchtfliege beansprucht. Wiederholen Sie den Test drei Stunden später, und Sie werden bemerken, dass ein paar Fliegen bereits Anzeichen der Vergesslichkeit vorweisen. Nach vierundzwanzig Stunden werden alle Fliegen vollständig vergessen haben, was sie im Training gelernt haben.

Dies heißt jedoch nicht, Fliegen hätten kein Langzeitgedächtnis. Es ist nur so, dass sie wiederholtes Training brauchen, damit die Erinnerungen dauerhaft werden. Wiederholt man die Fruchtfliegen-Elektroschockübung zehnmal mit fünfzehnminütigen Pausen zwischen jeder Trainingseinheit, werden die Fliegen noch eine Woche später in der Lage sein, die «guten» von den «schlechten» Düften zu unterscheiden.

Das Gedächtnis der Fruchtfliege scheint dem menschlichen

auf bemerkenswerte Weise ähnlich zu sein. Wie bei den Fliegen, sind auch unsere Erinnerungen anfangs flüchtig, können aber durch wiederholtes «Training» zu Langzeitinhalten werden, vorausgesetzt, wir haben zwischendurch angemessene Ruhephasen. Diese Ruhephasen sind entscheidend. Jeder, der schon einmal Lernstoff durch Büffeln für ein Examen wiederholt hat, weiß, dass das Gedächtnis für den Tag des Examens ganz gut funktioniert, dass sich das Wissen aber innerhalb weniger Tage vollständig verflüchtigt. Bei Fruchtfliegen ist das kein bisschen anders. Trainiert man sie, ohne ihnen Ruhepausen zu gönnen, können aus ihren Erinnerungen keine dauerhaften Inhalte werden.

Seymour Benzers Annäherung an das Tierverhalten stellte eine völlige Abkehr von allen bisherigen Methoden dar. Traditionsgemäß war das Studium von Tierverhalten die Domäne der Naturalisten und Feldbiologen. Instinktive Verhaltensweisen wie Werbung, Fütterung und Kampf waren sorgfältig beobachtet und gewissenhaft beschrieben worden. Typisch für die Vorgehensweise war, dass komplexes Verhalten in eine Reihe einzelner Schritte zerlegt wurde. Lernen und Gedächtnis konnte man beispielsweise in den Erwerb von Kurz-, Mittel- und Langzeitgedächtnis aufteilen. Diese «Verhaltensatome» dachte man sich hauptsächlich im Interesse der Vereinfachung und der darstellenden Bequemlichkeit aus. Naturalisten zeigten kaum Interesse an einer Beziehung zu den Aktivitäten von Genen und Molekülen. Aber Benzer wollte herausfinden, ob er die einzelnen Schritte eines Verhaltenspfads bis zu einzelnen Genen und voneinander unterscheidbaren molekularen Ereignissen zurückverfolgen konnte. Er wollte Lernen und Gedächtnis sezieren und deren genetische Innereien freilegen.

In Wirklichkeit wollte Benzer im Bereich Verhalten das erreichen, was Nüsslein-Volhard und Wieschaus mit der Embryonalentwicklung vorhatten. Und anfangs ging er auch ähnlich an die Arbeit heran. Benzer bombardierte Fliegen mit mutagenen Chemikalien, um ein breites Repertoire mutierter Fruchtfliegen zu bekommen. Dann suchte er die Fliegen heraus, die bei der Duft-Unterscheidung im Lern- und Gedächtnistest zu kämpfen hatten.

Die *dunce*-Fliege (langsamer Lerner) war der erste Lernmutant, der auftauchte. Obwohl sie sich körperlich nicht von einer normalen Fruchtfliege unterschied, war sie der Inbegriff von Dummheit auf Fruchtfliegenniveau und völlig unfähig, irgendetwas zu lernen. Man konnte die Dressur oder die Lernbedingungen im elektrifizierten Testglas durch Erhöhung der Voltzahlen oder durch die Verstärkung der Düfte verschärfen. Doch das machte nicht den geringsten Unterschied: *dunce* war stets das Schlusslicht der Klasse.

Benzer hoffte, dass *dunce* den Anfang einer Lernmutantenschwemme ankündigte. Es war ganz offensichtlich ein toller Start, doch für die Analyse eines Verhaltenspfads musste er mutierte Fliegen mit unterschiedlichen Dummheitsniveaus finden – Fliegen, die sich ein paar Minuten, ein paar Stunden und in anderen Intervallen an ihr Training erinnern konnten. Doch die Identifizierung von Verhaltensmutanten stellte sich als knifflige Angelegenheit heraus. Im Gegensatz zu den Entwicklungsmutanten gab es bei den Verhaltensmutanten keine körperlichen Anhaltspunkte, mit deren Hilfe man auf ihre Identität hätten schließen können. Die einzige Möglichkeit, sie ausfindig zu machen, lag darin, sie der rigorosen Dressur und dem Geruchstest zu unterziehen. Folglich erwies sich die Entdeckung neuer Mutanten eher als ein Rinnsal statt der erhofften Sintflut. Nach *dunce* (langsamer Lerner) kamen *amnesiac* (der Gedächtnislose), *radish* (Radieschen), *cabbage* (Weißkohl), *turnip* (Steckrübe) und *linotte* («Spatzenhirn»). Zusammen bildeten sie ein stolzes Ensemble von Frucht-fliegenidioten.

Doch die Schwierigkeiten blieben bestehen. Die neuen Mutanten waren zwar alle offenkundig dämlich, aber darüber hinaus waren sie nur schwer voneinander zu unterscheiden. Das Problem lag darin, dass die Trainingsausrüstung nicht empfindlich genug war, um Zwischenstadien der Dummheit zu ermitteln. Selbst wenn es Unterschiede zwischen den Mutanten gab, war der experimentelle Lärm zu groß, um sicherzustellen, dass alle Fliegen Gerüche und Elektroschocks in gleicher Intensität erlebten.

Als die achtziger Jahre anbrachen, hatte Benzer sich anderen Dingen zugewandt. Aber Tim Tully, der Verbindungen zu Benzers ursprünglicher Forschungsgruppe hatte, beschloss, eine neue Dressurmaschine zu entwerfen und zu bauen. Dieses Mal blieb nichts dem Zufall überlassen. Er baute eine spezielle Trainings-röhre aus Kunststoff mit einem elektrifizierbaren Gitter, das gleichmäßig über dem Boden angebracht war. Er setzte Vakuen ein, um sicherzugehen, dass der Duftstrom über den Fliegen gleichmäßig und konstant blieb. Und er tat alles nur erdenklich Mögliche, um Einflüsse von außen zu minimieren, er stellte den Fliegen sogar einen Fahrstuhl zur Verfügung, der sie vom Trainingsplatz bis zur Abzweigung im T-Labyrinth transportierte.

Tully verbrachte vier Jahre mit dem Entwurf und dem Bau seiner neuen Dressurmaschine. Bei den Rundumverbesserungen des experimentellen Aufbaus blieben den Fruchtfliegen kaum noch Ausweichmöglichkeiten. Von allen Ablenkungen befreit, konnten sie sich auf die vorliegenden Lernaufgaben konzentrieren.

Mit weitaus größerer Analysierfähigkeit als das frühere Design, erwies sich Tullys Maschine als riesiger Erfolg. Jetzt konnte man viele der Lern- und Gedächtnismutanten leicht voneinander unterscheiden. Einen *linotte*-Mutanten (der Name ist dem französischen Ausdruck *tête de linotte* entlehnt, womit «Spatzenhirn» gemeint ist) konnte man beispielsweise als Fliege identifizieren, die in den ersten drei Stunden nach dem Training Probleme hat, sich an das Gelernte zu erinnern.

Die *linotte*-Fliege stach in mehr als einer Hinsicht aus der Masse der Mutanten heraus. Ihr defektes *linotte*-Gen war das Ergebnis einer neuen Form der Mutagenese, die weder Chemikalien noch Röntgenstrahlen erforderte. In den achtziger Jahren gehörten diese traditionellen Techniken schon zum alten Eisen. Biologen auf der Höhe ihrer Zeit erzeugten jetzt mit Hilfe springender Gene neue Mutanten.

Springende Gene – in akademischen Kreisen bekannt als transportable Elemente – sind genetische Parasiten. Es sind kurze DNA-Abschnitte, die innerhalb der DNA eines Wirtsorganismus – das kann ein Bakterium, eine Fruchtfliege oder sogar ein Mensch sein – «leben» und sich vermehren. Man kann ihnen nicht entrinnen; diese egoistischen Fitzel unfertigen Lebens haben seit Millionen von Jahren Chromosomen verschandelt und gehören zum genetischen Inventar.

Die einzige Beschäftigung eines springenden Gens ist es, «Himmel und Hölle» entlang den Chromosomen zu spielen und sich dabei, koste es, was es wolle, in die DNA des Wirts einzuschleusen, ohne sich um die Konsequenzen dieser Aktivitäten zu kümmern. Für den Wirt sind diese beweglichen Elemente eine genetische Belastung. Wenn ein springendes Gen in die Gene des Wirts eindringt, kann es ernste Mutationsschäden anrichten.

In den achtziger Jahren erkannten die mit der Fruchtfliege arbeitenden Biologen, dass springende Gene ein riesiges experimentelles Potenzial bargen, vorausgesetzt, sie konnten sich die Fähigkeiten der Unruhestifter zunutze machen. Sie boten nicht allein eine neue Möglichkeit an, Mutationen hervorzurufen, sondern stellten auch ein perfektes Speditionssystem dar, um neue, fremde Gene in die Fliegen einzuschleusen.

Springende Gene gibt es in einer Vielzahl verschiedener Ausführungen. Doch das am meisten gefeierte austauschfähige Element (Transposon) der Fruchtfliege war das P-Element. Es wurde in den fünfziger Jahren in einer wilden Population von *Drosophila melanogaster* entdeckt und war der erste Typus, der isoliert und gereinigt wurde. Niemand weiß genau, wie es dorthin gelangte, weil das Element in eng verwandten *Drosophila*-Spezies nicht entdeckt wurde. Denkbar ist, dass das Element von einem entfernten Verwandten stammte und durch ein Virus oder ein Bakterium übertragen wurde. Wie auch immer die Übertragung geschah, als sich das P-Element erst einmal festgesetzt hatte, verbreitete es sich wie ein Lauffeuer. 1980 war das P-Element weltweit in *Drosophila-melanogaster*-Populationen auffindbar.

Das P-Element ist allen experimentellen Erwartungen gerecht geworden. Ohne übertreiben zu müssen, kann man sagen, dass es die Molekularbiologie der Fruchtfliege revolutioniert hat. Es kann direkt in Fruchtfliegenembryos injiziert werden, wo es im Stil einer Streubombe verheerenden Schaden in der DNA der Fliege anrichten kann. Alternativ kann man zusätzliche DNA ans Ende des P-Elements anbringen, bevor es injiziert wird. In dieser Form wird es zum molekularen Briefumschlag, der ein weites Spektrum genetischer Botschaften in die DNA der Fruchtfliege liefert.

Wegen seiner Vielseitigkeit ist das P-Element zu einem unschätzbar wertvollen Werkzeug geworden, mit dem die genetischen Grundlagen für Lernen und Gedächtnis der Fruchtfliege analysiert werden können. Es eignet sich hervorragend für den einfachen genetischen Algorithmus des Addierens und Subtrahierens von Genen, wobei Fliegen mit einem fehlenden Gen hier und einem zusätzlichen Gen dort konstruiert werden. Und das Abschneiden dieser gentechnisch veränderten Fliegen bei ihren Lern- und Gedächtnisprüfungen wirft ein erhellendes Licht auf die Art und Weise, wie Gene sich verschwören, um Gelerntes dem Gedächtnis einzuprägen.

In den späten neunziger Jahren nahm Tim Tully ein paar normale Fruchtfliegenembryos und schaltete mit einem gentechnischen Kunststück ihr *linotte*-Gen aus. Damit war er aber mit seiner genetischen Flickschusterei noch nicht am Ende, denn Tully schickte auch einen P-Element-Briefumschlag ab, der die normale Kopie eines *linotte*-Gens und einen so genannten Hitzeschock-Promoter an dessen Ende enthielt. Der Hitzeschock-Promoter diente seinem Nachbarn als Kontrollhebel. Bei Zimmertemperatur blieb das abgeschickte *linotte*-Gen dauerhaft ausgeschaltet; wenn aber den gentechnisch veränderten Fliegen Wärme bis zu einer Temperatur von 35 Grad Celsius zugeführt wurde, schaltete sich das Gen an und begann, sein Protein herzustellen.

Alle gentechnisch veränderten Fruchtfliegen wurden bei Zimmertemperatur aufgezogen. Als die erwachsenen Fliegen dressiert und getestet wurden, wiesen sie alle Lernschwächen auf, die bezeichnend waren für ein defektes *linotte*-Gen. Dann aber vollführte Tully einen kleinen genetischen Zaubertrick. Er tauchte eine Flasche mit genmanipulierten Fliegen in ein heißes Bad. Und während die Wärme in die Fruchtfliegenkörper drang, sprangen überall die normalen *linotte*-Gene an. In jeder gentechnisch veränderten Fliege schalteten sich plötzlich die verschickten *linotte*-Gene ein, die bis zu diesem Zeitpunkt geschlummert hatten.

Drei Stunden später wurden die Fliegen noch einmal auf Herz und Nieren geprüft: die einfache Trainingseinheit, gefolgt von dem Abzweigungstest im T-Labyrinth. Würden die Fliegen genauso dämlich wie immer sein oder ihre neu gefundene Intelligenz zur Schau stellen? Die Ergebnisse waren unmissverständlich. Knapp 90 Prozent bestanden den Test, ein Niveau, das man bei einem Haufen normaler Fruchtfliegen erwarten würde. Das Anknipsen eines Genschalters hatte die Lernfähigkeit der Fliegen wieder erweckt. Es war eine bemerkenswerte Umwandlung und das erste Mal, dass eine Gentherapie angewandt worden war, um eine Lernschwäche zu behandeln.

Das *linotte*-Gen ist nicht das einzige, das beim Lernen und bei der Gedächtnisbildung der Fruchtfliege wie ein Ein-/Ausschalter wirkt. So scheint zum Beispiel das *CREB*-Gen in der gleichen Richtung zu funktionieren. Es schaltet das Langzeitgedächtnis in Fliegen ein, die in größeren Abständen eine Reihe von Dressureinheiten erhalten haben; schaltet man das *CREB*-Gen ab oder lässt es mutieren, werden die Fliegen nie ein Langzeitgedächtnis erwerben, ganz gleich, wie oft sie trainiert werden. Doch sobald man es mit Hilfe eines Hitzeschock-Promoters wieder anwirft, wird das Langzeitgedächtnispotenzial auf wundersame Weise wieder belebt.

Das *CREB*-Gen kann mehr für eine Fliege tun, als einfach nur ihre Gedächtniskapazität auf ein normales Niveau zurückzubringen, wie Tully entdeckte, als er Fliegen mit zusätzlichen *CREB*-Genen ausstattete. Eine erhöhte Dosis des Gens brachte Fliegen mit fotografischem Gedächtnis hervor. Es waren keine wiederholten Trainingsübungen mit langen Abständen mehr erforderlich, um Langzeitgedächtnis zu erwerben. Jetzt lernten sie in einer Lektion, wofür normale Fliegen zehn Lektionen brauchten. Mit nur einer simplen Trainingseinheit konnte man eine Intelligenzbestie der Spezies Fruchtfliege züchten.

Gene wie *dunce, linotte* und *CREB* lassen Seymour Benzers ursprüngliche Vision als gerechtfertigt erscheinen. Sie sind der lebendige Beweis dafür, dass das Verhalten einer genetischen Analyse zugänglich ist. Langsam, aber sicher werden Verhaltensatome in Erbatome übersetzt.

Die Identifikation von Genen ist eine Sache. Doch ein Verständnis der Arbeitsweise dieser Gene oder die Übersetzung ihrer Instruktionen in molekulare Ereignisse und Erinnerungen ist etwas völlig anderes. Mehr als zwanzig mit dem Lernen und Erinnern von Gerüchen in Zusammenhang stehende Gene sind bis jetzt identifiziert worden, aber die Funktionsweise vieler von ihnen bleibt verborgen. Dennoch ergeben die entschlüsselten Gene bereits ein verlockendes Bild.

Das Erinnern neuer Informationen wird mit physischen und physiologischen Veränderungen des Nervensystems in Verbindung gebracht. Im Fall einer einzigen Trainingsübung sind diese Veränderungen – und die daraus resultierenden Erinnerungen – flüchtig und kurzlebig. Nur mit wiederholtem Training erzielt man sowohl eine dauerhafte Erhöhung der Anzahl neuronaler Verbindungen als auch eine Steigerung ihrer Empfindlichkeit.

Gene wie *dunce, linotte* und *CREB* bilden einen Teil des biochemischen Pfads innerhalb von Zellen, der diese physischen Veränderungen koordiniert. Diese Gene – oder, um genauer zu sein, ihre Proteinprodukte – setzen die an der Zelloberfläche empfangenen elektrischen Impulse in stoffliche Veränderungen an der Nervenzelle selbst um.

Die Details des Lern- und Gedächtnispfads sind voller molekularer Irrungen und Wirrungen. Doch aus sicherer Distanz betrachtet, offenbart der Pfad eine bemerkenswerte Eigenschaft. Es scheint eine auffällige Übereinstimmung zwischen dem Pfadabschnitt und der Lernphase zu geben. So ist beispielsweise das *linotte*-Gen der Code für ein Protein, das gleich zu Beginn des Pfades zum Einsatz kommt und eine frühe Phase des Lernens beeinflusst. Im Gegensatz dazu steht das *CREB*-Gen mit dem Ende des Pfads im Zusammenhang und ist die entscheidende Voraussetzung für das Langzeitgedächtnis.

Eine Möglichkeit, sich den Pfad bildlich vorzustellen, besteht darin, die Reihe biochemischer Schritte als Trittsteine zu sehen, die die beiden Ufer eines Flusses miteinander verbinden. Das eine Ufer stellt den Startpunkt dar, ein Stadium blanken Nichtwissens, während die andere Seite für den Endpunkt steht, den Erwerb von Langzeitgedächtnis. Mutierte nun eines der Gene auf dem Pfad, so käme dies dem Verlust eines Trittsteins gleich. Lernen und Gedächtnis könnten dann lediglich bis zu der Phase vor dem fehlenden Stein voranschreiten, aber keinen Schritt weiter.

Natürlich ist dies eine vereinfachte Sichtweise. Zweifellos gibt es noch eine Menge über Lernen und Gedächtnis herauszufinden. Aber die Fruchtfliegen haben bereits Sensationelles geleistet. Lernen und Gedächtnis sind in eine Reihe biochemischer Schalter übersetzt worden, die mit einfachen genetischen Hinzufügungen und Reduzierungen manipuliert werden können. Es reicht aus, um Antireduktionisten zusammenzucken zu lassen, aber man muss sich die Frage stellen: Könnte dies auch auf Menschen zutreffen?

Lern- und Gedächtnisgene, die den in Fruchtfliegen gefundenen ähneln, sind bereits bei anderen Lebewesen entdeckt worden. Menschen, Mäuse, Ratten, Fadenwürmer und Nacktschnecken besitzen alle ein Gen, dessen DNA-Sequenz mit dem *CREB*-Gen der Fruchtfliege übereinstimmt. Tatsächlich scheint *CREB* ein universeller molekularer Schalter zu sein, der im gesamten Tierreich zu finden ist. So schaltet *CREB* zum Beispiel in Mäusen, genau wie bei Fruchtfliegen, das Langzeitgedächtnis an. Unterbricht man das *CREB*-Gen, züchtet man Mäuse heran, die nichts weiter als ein Kurzzeitgedächtnis haben. Ähnlich wie die Entwicklungsgene scheinen die Lern- und Gedächtnisgene ein konservativer Haufen zu sein.

Sollten die Menschen nach der gleichen genetischen Schablone wie Fruchtfliegen funktionieren, so könnte dies auf eine aufregende und womöglich erschreckende Zukunft der Gedächtnismanipulation hindeuten. Können Sie sich vorstellen, ein heißes Bad zu nehmen, um alles über Einsteins Relativitätstheorie zu erfahren und gleich wieder zu vergessen, wenn Sie aus der Wanne steigen? Und wie wär's damit, die Agenten der Spionageabwehr mit der Zusatzdosis eines *CREB*-Gens auszustatten, um ihnen ein fotografisches Gedächtnis zu verleihen? Würde der Hitzeschock-Promoter hinzugefügt, wäre Spionage auf heiße Gegenden wie Afrika und den Nahen Osten beschränkt. Ohne den Hitzeschock-Promoter jedoch würde Spionage wirklich internationale Dimensionen annehmen können. Andererseits könnte das Gehirn ohne irgendeine Art von Temperaturkontrolle durch zu viel Information überbelastet werden.

Aus ernsthafterer und praktischer Perspektive betrachtet, lassen die Erfahrungen mit Fruchtfliegen an eine Zukunft denken, in der neue Drogen und Gentherapien zur Behandlung angeborener Lernschwächen eingesetzt werden. Auch Schlaganfallopfer und Patienten, die beispielsweise an der Alzheimer-Krankheit leiden, könnten davon profitieren. Ein durch Aufschlagen des Kopfes verlorenes Gedächtnis könnte wiederhergestellt werden, während schmerzhafte und traumatische Erinnerungen chemisch herausgeschnitten werden könnten.

Es klingt zu schön, um wahr zu sein. Und vielleicht ist es ja auch nur eine weitere überspannte und schon bald wieder vergessene Zukunftsvision. Wir werden sehen. Aber lesen Sie doch inzwischen den letzten Absatz zehnmal (mit angemessenen Ruheperioden dazwischen), und vielleicht bleibt er ja haften.

Die Fähigkeit der Fruchtfliege, Gerüche zu erkennen und sich an sie zu erinnern, ist nicht einfach nur ein ausgeflippter Partytrick. Es gibt gute evolutionäre Gründe, warum Fruchtfliegen das Talent zur Erinnerung an Düfte erworben haben. Bei der Navigation durch ihre Miniaturwelt verlassen sie sich auf olfaktorische Hinweise. Ohne die Fähigkeit, die «guten» Düfte von Nahrung, Partnern und Eiablageplätzen von den «schlechten» Gerüchen gefährlicher Situationen unterscheiden zu können, wäre das Leben einer Fruchtfliege eine frustrierende – und schnell zum Tod führende – Beschäftigung.

Zweifellos gehört Alkohol zu den wichtigsten Gerüchen im Erinnerungsspeicher der Fruchtfliege. Alkohol ist ein Nebenprodukt, das bei faulendem und gärendem Obst anfällt. Da ein Stück reifes Obst eine in hohem Maße flüchtige organische Verbindung ist, verströmt es eine alkoholische Dunstspur. Sind also Fliegen in der Lage, diese Spur zu erschnüffeln, ist es für sie eine relativ leichte Aufgabe, ihre bevorzugten Eiablage- und Futterstellen auszumachen.

In der Tat könnte uns die entwickelte Empfänglichkeit der Fliege gegenüber Alkohol einen Einblick in die evolutionären Ursprünge unserer eigenen Liebesbeziehung zu dem Dämonentrunk verschaffen. Jedes Tier, das auf reife und verfaulende Früchte angewiesen ist, würde von einer alkoholempfindlichen Nase oder entsprechenden Fühlern profitieren. Vor Millionen von Jahren lebten unsere stark behaarten Vorfahren von reifen Früchten, die hoch oben, im Baldachin des Waldes, hingen. Und da diese Früchte in dem Labyrinth grüner Blätter so schwer zu finden waren, konnte die Fähigkeit, eine alkoholische Dunstspur zu riechen, einen deutlichen Vorteil bedeuten.

Könnte also unser Faible für Alkohol ein evolutionäres Überbleibsel aus der Vergangenheit sein? Ahmen wir jedes Mal, wenn wir ein Wirtshaus betreten, die Suche unserer Vorfahren nach einem ordentlichen Happen Essen nach? Es gibt gewiss eine Menge Beispiele, die diese Idee erhärten. Denken Sie zum Beispiel an unsere Trinkgewohnheiten. Wir neigen dazu, Alkohol in ziemlich verdünnter Form wie Bier oder Wein zu trinken. Nehmen wir stärkere Getränke wie Spirituosen zu uns, verdünnen wir sie normalerweise wieder mit Flüssigkeit. In der Wildnis, unter dem Baumbaldachin, bringt die Gärung der Früchte ebenfalls ziemlich verdünnte Konzentrationen von Alkohol hervor. Selbst auf dem Höhepunkt ihres Stoffwechsels können Hefen nur etwa zehn bis fünfzehn Prozent Alkohol aus Früchten herausholen. Ist es lediglich ein Zufall, dass die von uns bevorzugten Alkoholkonzentrationen die gleichen sind, wie unsere Vorfahren sie in der Wildnis vorfanden?

Und um die Spekulationen anzuheizen: Warum neigen wir, wie die Fruchtfliegen, dazu, gesünder und länger mit regelmäßigem, aber moderatem Alkoholkonsum zu leben? Falls niedrige Alkoholkonzentrationen auf dem täglichen Speisezettel unserer Vorfahren standen, sollten wir nicht allzu überrascht sein, wenn die Evolution unsere Physiologie diesen Erfordernissen angepasst hat.

Selbstverständlich ist Trinken in Maßen nicht immer leicht zu kontrollieren. Jedes Tier, das reifes und faulendes Obst frisst, läuft stets Gefahr, dass auf seine Nachmittagsmahlzeit versehentlich ein beschwipster Abend folgt. Für Fruchtfliegen, Schmetterlinge, Affen, Elefanten und Millionen anderer Obstesser ist das Betrunkensein ein Berufsrisiko, die unausweichliche Konsequenz der Bevorzugung besonders reifer Früchte als Nahrungsquelle.

Wenn es um die berauschende Wirkung von Alkohol geht, teilen wir ein paar unheimliche Verhaltensweisen mit der Fruchtfliege. Es gibt tatsächlich drei Phasen der Trunkenheit bei Fruchtfliegen, die uns vertraut vorkommen sollten. Am Anfang steht die euphorische, ausgelassene Phase, in der die Fliegen hin und her zucken und hyperaktiv sind. Das ist der Zeitpunkt, wo sie ihre Hemmungen verlieren, wenn sie überhaupt jemals welche hatten. Als Nächstes kommt dann die unkoordinierte Phase, wo es der

Fruchtfliege schwer fällt, sich ordentlich geradeaus fortzubewegen. Fliegen wäre zwar möglich, aber den Aufwand nicht wert. Und schließlich findet der Zusammenbruch in eine Komaphase statt. Die Fliege verliert das Bewusstsein, nur um in der Gosse oder, was viel schlimmer ist, im Magen eines Fressfeindes aufzuwachen.

Die Ähnlichkeiten sind hiermit noch nicht zu Ende. Die Toleranz der Fliege gegenüber Alkohol ähnelt auf erstaunliche Weise der unseren. Fliegen neigen dazu, bei einer Blutalkoholkonzentration von 0,2 Prozent betrunken zu werden (0,2 Gramm Alkohol pro 100 Milliliter Blut). Vergleichen Sie diesen Wert mit der gesetzlichen Obergrenze fürs Autofahren in den meisten Ländern – der Unterschied ist nicht groß! Ist es daher ein Wunder, dass bei so viel Gemeinsamkeiten die Fruchtfliegen zum Studium des menschlichen Alkoholmissbrauchs und der Alkoholsucht eingesetzt werden?

Für unsere behaarten Vorfahren war ein beschwipster Nachmittag wahrscheinlich eine gelegentliche Zugabe, die etwas Abwechslung von der öden Alltagsroutine des Lebens auf den Baumwipfeln verschaffte. Inzwischen aber, da wir auf festem Boden stehen und in einer Umwelt leben, wo Alkohol stets im Überfluss vorhanden ist, können die Dinge nur allzu leicht außer Kontrolle geraten. So könnte man Alkoholismus als ein Beispiel betrachten, wo uns unser evolutionäres Erbe schwer zu schaffen macht.

Natürlich sind wir nicht darauf programmiert, Alkoholiker zu werden. Vermutlich gibt es zahlreiche Faktoren sowohl biologischer als auch sozialer Art, die dem Ausbruch des Alkoholismus zugrunde liegen. Aber es steht außer Frage, dass erbliche Faktoren eine wichtige Rolle bei dieser Suchtkrankheit spielen. In gewisser Weise können Gene erklären, warum in einigen Familien der Alkoholismus geläufig ist, und warum Einzelpersonen körperlich stark unterschiedlich auf Alkohol reagieren.

Manchen Menschen genügt ein halber Liter Bier, um wacklig auf den Beinen zu sein. Andere brauchen Halblitergläser in zweistelliger Zahl, um denselben Effekt zu erzielen. Auch bei Fruchtfliegen gibt es gewaltige individuelle Unterschiede in der Alkoholverträglichkeit. Bestimmte Gene tragen dazu bei, dass manche Fliegen ihren Sprit besser vertragen als andere. Und es gibt tatsächlich Anhaltspunkte für die Annahme, dass Fruchtfliegen, die in einer alkoholbetonten Umgebung leben – wie etwa Weinbergen und Weingütern –, eine viel größere Toleranz gegenüber Alkohol entwickelt haben als Fliegen aus anderen Habitaten.

Bei Menschen scheint Alkoholtoleranz mit Alkoholismus einherzugehen. Diejenigen, die ziemlich immun gegen die berauschenden Wirkungen des Alkohols sind, werden mit höherer Wahrscheinlichkeit zu Alkoholikern. Darum ist die Identifizierung der genetischen und molekularen Grundlage von Alkoholverträglichkeit als erster Schritt für die Entwicklung geeigneter Behandlungsmethoden für den Alkoholismus angesehen worden. Es mag unwahrscheinlich anmuten, dass die Fliege sich für eine solche Rolle eignen könnte, aber – wie bereits ihre Beteiligung an der Lern- und Gedächtnisstudie gezeigt hat – ein Organismus braucht nicht unbedingt komplex zu sein, um einen wichtigen Beitrag zu genetischen Verhaltensstudien zu leisten.

Wie aber identifiziert man Gene für Alkoholtoleranz? Wie präzise kann man Fliegen, die ihren Drink vertragen, von solchen unterscheiden, die diese Fähigkeit nicht haben? Die Antwort liefert das Inebriometer, eine geniale Apparatur, die den Trunkenheitsgrad misst. Dieses Gerät ist eine ein Meter hohe Glassäule, die mit Alkoholdunst gefüllt ist. Innerhalb der Säule sind auf verschiedenen Höhen abgeschrägte Sockel befestigt, die den Fliegen einen Sitzplatz bieten, damit sie sich putzen können.

Um einen Durchgang zu starten, werden ungefähr hundert Fruchtfliegen am oberen Ende der Säule eingelassen. Während der Alkohol seine Wirkung zu entfalten beginnt, verlieren die Fliegen ihr Gleichgewicht und fallen von den Sockeln herunter auf die darunter liegende Ebene. Wenn eine Fliege volltrunken ist, wird sie an den Sockeln vorbeigeschleust bis zum unteren Ende der Säule und landet schließlich draußen. Die durchschnittliche Zeit, die eine Fruchtfliege benötigt, um verwirrt und benommen ans Ende der Säule zu gelangen, gilt als verlässlicher Indikator ihrer Alkoholtoleranz.

Normale Fruchtfliegen halten sich durchschnittlich zwanzig Minuten im Inebriometer, bevor sie aus der Röhre herausfallen. Aber 1998 tauchte eine mutierte Fliege auf, die ernsthaft um ihr Gleichgewicht kämpfte. Statt der normalen zwanzig Minuten, fiel dieses mutierte Exemplar nach fünfzehn Minuten aus dem Inebriometer heraus. Bei einer Kneipentour mit dieser Fliege liefe man keine Gefahr, sein Konto überziehen zu müssen; und so ist auch ihr Name *cheapdate* zu verstehen – billige Verabredung.

So könnte sich die Verabredung zwar als billig erweisen, aber ein intellektuell anregendes Erlebnis würde es wahrscheinlich nicht werden, weil *cheapdate* kein neues Gen, sondern eine neu mutierte Version von *amnesiac*, dem Lern- und Gedächtnisgen, ist. Mit anderen Worten: *amnesiac*, ein Gen, das die Lernfähigkeit beeinträchtigt, wirkt sich auch auf die Alkoholtoleranz aus. Dieser genetische Zufall ist nicht einfach ein einmaliges Ereignis. So hat sich herausgestellt, dass viele der Lern- und Gedächtnismutanten eine niedrigere Alkoholtoleranz aufweisen. Steckt man sie ins Inebriometer, fallen sie stets schneller durch als der Rest.

Es gibt noch immer eine Menge zu analysieren, bevor die Genetik akoholinduzierten Verhaltens irgendeinen Sinn auf molekularer Ebene macht. Aber wir wissen bereits, dass die genetischen Grundlagen der Alkoholtoleranz mit der Genetik von Lernen und Gedächtnis zu tun haben. Mit gentechnischen Verfahren kann den *cheapdate*-Mutanten auf die gleiche Weise «geholfen werden» wie bei der Rettung der *linotte*- und *CREB*-Mutanten. Ein *cheapdate*-Mutant kann mit dem einfachen Umlegen eines Genschalters in eine Fliege mit größerer Alkoholtoleranz verwandelt werden. Der Zeitpunkt ist natürlich noch früh, aber die Fruchtfliege könnte trotzdem Lösungen für unsere von Hassliebe geprägte Beziehung zum Alkohol finden.

Nach einem anstrengenden Tag in der Dressurmaschine oder nach dem Nachmittagsspiel «Trinken, bis keiner mehr steht» im Inebriometer gibt es nichts, was die Fruchtfliege lieber täte, als sich für ein Nickerchen niederzulassen. Aber sogar beim Ausruhen wird sie einem Verhaltensverhör unterzogen. Es gibt nur wenige Tiere, deren Schlaf- und Wachmuster genauer untersucht wurden als die der Fruchtfliege.

Der Schlaf der Fruchtfliege weicht ein wenig von dem unsrigen ab, aber es läuft auf dasselbe hinaus. Als Insekten haben Fruchtfliegen keine Augenlider, die sie schließen könnten, wenn sie müde sind. Trotzdem dämmern sie in eine Schlummerphase hinüber, wenn es dunkel wird. Die Nacht gehört der Ruhe und Entspannung, eine Zeit, in der man sich vom Stress des Tages erholt.

Die Fruchtfliege hat, wie der Mensch, annähernd einen 24-Stunden-Rhythmus. Ihr Körper ist an den Zyklus von Tag und Nacht angepasst. Sie wacht morgens auf und geht abends schlafen. Daher wundert es einen nicht, dass die Fruchtfliegeliege sehr gefragt war, als es darum ging, das molekulare Geheimnis biologischer Uhren zu lüften.

Auf die genetischen Studien biologischer Rhythmen wurde die Welt erstmals aufmerksam in den frühen siebziger Jahren, als Seymour Benzer und sein Student Ronald Konopka die Entdeckung des *period*-Gens verkündeten. Obwohl niemand eine Ahnung hatte, wie es funktionierte, schien das Gen ein Zeitnehmer für den 24-Stunden-Tag der Fruchtfliege zu sein. Mutationen im *period*-Gen brachten Fliegen mit abweichenden biologischen Rhythmen hervor. Die Uhr des einen Mutanten lief zu schnell, sodass er in einem 19-Stunden-Zyklus lebte. Ein anderer hatte eine langsame Uhr und durchlief einen 29-Stunden-Zyklus. Und ein Dritter schien seinen Rhythmus völlig verloren zu haben. Er schlief und wachte, wie es der Zufall wollte.

Wenn es um Zeitnahme ging, mischte das *period*-Gen bei vielen verhaltensgesteuerten Angelegenheiten mit. So regelte es nicht nur den 24-Stunden-Zyklus der Fruchtfliege, sondern kontrollierte auch den Rhythmus ihres Flügelschlags während der Balz. Das *period*-Gen hatte etwas von einem Kombigerät aus Wecker und Metronom.

Während immer mehr Entdeckungen gemacht wurden, die zeigten, wie nützlich das *period*-Gen für eine Fliege sein konnte, blieben die molekularen Erklärungen dafür, wie ein Gen und das von ihm codierte Protein es schaffen konnten, die Zeit zu kontrollieren, ein wenig dünn gesät. Erst in den späten achtziger Jahren kamen erste Hinweise auf den inneren Mechanismus der Uhr in Sicht.

Der Beweis ging aus einem besonders makabren Experiment hervor, bei dem Hunderte von Fliegen ihren Kopf verloren. Seit dem Wüten der Guillotine während der Französischen Revolution hatte die Welt keine rituellen Enthauptungen in derart großem Maßstab mehr gesehen. Den ganzen Tag über wurden in stündlichen Intervallen Fliegen aus ihren Flaschen geholt und ihre Köpfe vom Rumpf getrennt.

Das war bestimmt nicht schön, aber als Ergebnis all dieser Exekutionen kam eine stündliche Bestandsaufnahme der chemischen Vorgänge im *period*-Gen zustande. Die chemische Analyse der

Fruchtfliegenköpfe ergab, dass die Konzentration des *period*-Proteins im Gehirn der Fliege im Laufe des Tages schwankte. Das Protein erreichte einen Höchstwert in den Stunden der Dunkelheit und nahm dann bis zu einem Tiefpunkt im Laufe des Nachmittags ab.

1994 wurde ein zweites Zeitnahme-Gen entdeckt und *timeless* genannt. Fliegen, die das Pech hatten, mit einer mutierten Version des *timeless*-Gens leben zu müssen, bekamen nicht genügend Schlaf. Während ihre normalen Laborkollegen längst schliefen, krabbelten sie noch immer aktiv im Glas herum und sehnten sich zweifellos nach einem Nickerchen, wozu sie aber biochemisch nicht in der Lage waren. Wie beim *period*-Protein schwankte auch die Konzentration des *timeless*-Proteins im Gehirn der Fruchtfliege mit dem Fortschreiten der Zeit. Es erreichte seinen Höchstwert in der Nacht und sank auf einen Tiefpunkt im Laufe des Nachmittags.

Die *period*- und *timeless*-Proteine – Per und Tim – haben sich als Partner bei der Zeitnahme erwiesen. Die beiden Proteine ähneln einem Liebespaar. Steckt man sie in eine Petrischale, finden sie in einer molekularen Umarmung zueinander.

In den Gehirnzellen der Fruchtfliege ist diese Partnerschaft nicht von Dauer. Wie launische Liebende paaren sich die Proteine zunächst, dann trennen sie sich wieder, nur um sich erneut zu paaren. Es ist ein endloser Zyklus, eine ständige An-und-Aus-Romanze. An-aus, an-aus, tick-tack, tick-tack; jeder Pendelschwung bedeutet einen neuen Tag im Leben einer Fliege. Das Tempo dieser ständigen molekularen Hochzeit und Scheidung scheint den inneren Rhythmus der Fruchtfliege zu bestimmen.

Um die Dinge etwas zu veranschaulichen, stellen Sie sich bitte vor, wir säßen in den Gehirnzellen der Fruchtfliege, mitten im Brennpunkt des Geschehens. In fünf Stunden geht die Sonne auf, und die Fliege ruht. Überall in der Zelle gibt es Per-Tim-Pärchen.

Zu dieser Tageszeit hat ihre Konzentration den Höhepunkt erreicht. Die Per-Tim-Pärchen streben dem Zellkern entgegen, der Heimat der Gene. Der Kern vertritt eine strenge Einwanderungspolitik. Er lässt Per- und Tim-Proteine nur als Paar hinein. Protein-Singles haben keinen Zutritt. Sind sie erst einmal im Kern, schalten die Paare die *period*- und *timeless*-Gene ab. Eigentlich reguliert die Per-Tim-Partnerschaft somit ihre eigene Produktion. Das Abschalten der *period*- und *timeless*-Gene fährt die Produktion von Per und Tim herunter und blockiert jede weitere Anhäufung von Per-Tim-Paaren.

Die sich wandelnden Per- und Tim-Konzentrationen haben einen Anstoßeffekt für die Produktion natürlicher Sedativa wie Melatonin im Gehirn der Fruchtfliege. Nachlassende Konzentrationen von Per und Tim ziehen geringere Ausschüttungen von Sedativa nach sich. Bei Sonnenaufgang ist die Fliege hellwach und bereit, einen neuen Tag zu begrüßen.

Sonnenaufgang und Tageslicht bringen weitere Veränderungen mit sich. Während Per sich im grellen Tageslicht sehr wohl fühlt, kann Tim es nicht ausstehen. In Wirklichkeit ist Tim nämlich ein Werwolf auf der Proteinszene. Wenn man Tim dem Licht aussetzt, beginnt er, seine molekulare Integrität zu verlieren, und fällt auseinander. Für ihn ist es eine Notwendigkeit, eine Nachteule zu sein.

So endet also bei Tagesanbruch die Partnerschaft zwischen Per und Tim. Ganz allmählich lösen sich diese Proteinpaare auf und verschwinden aus dem Zellkern. Während sie immer weniger werden, lässt auch ihr kontrollierender Einfluss auf die *period*- und *timeless*-Gene nach. Die sind die halbe Nacht über untätig gewesen. Aber um die Mittagszeit herum sind sie wieder einsatzbereit.

Da noch das Tageslicht vorherrscht, würde es nicht viel Sinn machen, voll ausgebildetes Tim-Protein herzustellen. Deshalb werden die beiden Proteine in einer vorläufigen Form auf Vorrat produziert. Erst wenn nach Sonnenuntergang die Lichter ausgehen, werden Sonderschichten für Per- und Tim-Proteine gefahren. Die ansteigenden Proteinniveaus schalten die Sedative im Fruchtfliegengehirn ein – und die Fliege ist froh, Feierabend machen zu können.

Aber während sie ruht, bauen sich die Proteine in der Gehirnzelle kontinuierlich auf. Haben sie die kritische Konzentration erreicht, wird die Partnerschaft wieder aufgenommen. Die Per- und Tim-Proteine nehmen einander an die Hand, bis etwa fünf Stunden vor Sonnenaufgang die Konzentration von Paaren einen Höchstwert erreicht hat und sich der Kreis schließt.

Selbstverständlich beruht diese Geschichte des Tageszyklus zum Teil auf Tatsachen und zum Teil auf Fantasie. Man muss sich noch viele Kenntnisse über die Vorgänge aneignen, die die Uhr der Fruchtfliege zum Ticken bringen. Wenn die Tageszeit den Verständnisgrad darstellt, dann tasten die Biologen noch immer in der Dunkelheit vor dem Sonnenaufgang herum. Keine Frage: noch viele Fruchtfliegenköpfe müssen rollen, bevor sich ein vollständigeres Bild ergibt.

Manche Dinge wiederum sind geklärt. Gene und Genprodukte mögen zwar die Zahnräder und Getriebe sein, welche die Uhr am Laufen zu halten, aber erst das Tageslicht bringt die molekulare Steuerung in Gang. Das Tageslicht entscheidet, wann sich das Tim-Protein anreichern kann und wann die Per-Tim-Partnerschaften aufgelöst werden.

Diese Empfindlichkeit gegenüber dem Tageslicht bedeutet, dass sich der Tagesrhythmus der Fruchtfliege eventuellen Veränderungen in Zeitzonen anpassen kann. Diesen Effekt kann man ganz einfach dadurch demonstrieren, dass man ihre Aufenthaltszeit im Licht manipuliert. Gönnt man den Fliegen eine zusätzliche Stunde Tageslicht – zum Beispiel gegen zehn Uhr abends – dann

verzögert man die Anreicherung des Tim-Proteins im Fruchtfliegengehirn. Und das Ergebnis? Der Tagesrhythmus der Fruchtfliege wird um vier bis fünf Stunden verschoben und neu eingestellt.
Genau dies geschieht mit unseren eigenen inneren Uhren, wenn
wir größere Strecken in Richtung Westen fliegen und somit in den
Genuss eines verlängerten Tages kommen.

Setzt man im Gegenzug die Fruchtfliegen vor dem Sonnenaufgang einer zusätzlichen Stunde Licht aus, lösen sich die Per-Tim-
Partnerschaften früher als erwartet auf, und der Verhaltensrhyth-
mus der Fliegen wird um einige Stunden nach vorn verschoben.
So stellen sich auch unsere eigenen inneren Uhren auf gleiche
Weise neu wieder ein, wenn wir nach Osten reisen und einen ver-
kürzten Tag erleben.

Ob auch Fruchtfliegen einen Jetlag bekommen, wenn sich ihre
biologischen Uhren neu einstellen, ist im Moment noch pure Spekulation. Aber es wäre keine allzu große Überraschung, wenn dem
tatsächlich so wäre. Die Fliegen haben bereits demonstriert, dass
sie unübertreffliche Musterbeispiele für die Biologie sind. Da ihre
Gene schon dazu beigetragen haben, menschliche Verhaltensweisen wissenschaftlich zu erhellen, könnte diese Erkenntnis den
bereits beachtlichen Hutfederschmuck ansehnlich ergänzen.

Trotz ihrer geringen Größe und fragwürdigen Gewohnheiten
ist die Fruchtfliege eine raffinierte kleine Kreatur. Sie ist in der
Lage, Informationen auf eine Art und Weise zu verarbeiten und in
Erinnerungen umzuwandeln, die unsere eigene Erziehung wider-
spiegelt. Sie kann sich dem Suff hingeben – mit den allzu vertrau-
ten Konsequenzen. Und genau wie wir hat sie das Bedürfnis, sich
mal richtig auszuschlafen, wenn ihr alles zu viel wird, um am
nächsten Morgen mit glänzenden Augen und buschigem Schwanz
früh aufzuwachen. Mag sein, dass die Fruchtfliege Sex im Kopf
hat, aber sie scheint doch genügend Platz für andere Dinge zu haben.

Wenn Sie also die Wahl hätten zwischen einem Haushund oder einer Hausfruchtfliege, wem würden Sie den Vorzug geben? Die meisten würden sich wohl für den Hund entscheiden. Hunde sind weich und knuddelig und haben eine ausgeprägte Individualität. Verglichen mit ihnen sind Fruchtfliegen ein ziemlicher Schlamassel. Es wird nicht leicht sein, eine langfristige Bindung zu einem Tier aufzubauen, das stirbt, bevor man die Zeit hatte, sich einen passenden Namen auszudenken.

Hunde mögen in dieser Hinsicht zwar konkurrenzlos sein, aber einer alten Fliege kann man zumindest neue Tricks beibringen.

5

Die unheimliche Seite des Sex

Ich stehe an der Bordsteinkante einer der verkehrsreichsten Straßen Londons. Der sechsspurige Verkehrsstrom wird zu einem einschüchternden Hindernis zwischen mir und dem Bürgersteig auf der anderen Straßenseite. Ich beobachte, wie zahllose andere Fußgänger sich der Bordsteinkante nähern und dann aus Angst vor dem Überqueren wieder zurücktreten.

Ich bin auf dem Weg zum University College London zu einer Verabredung mit der Fruchtfliege. Es ist ein zwangloser Besuch, die Gelegenheit, ein modernes Fruchtfliegenlabor zu besichtigen und einen Eindruck zu gewinnen, wie es geführt wird. Aber ich suche auch nach einer ganz bestimmten Information über die Fruchtfliege. Ich hoffe nämlich, heute die letzten Neuigkeiten über ihr unheimliches Sexualleben zu erfahren.

Ich biege von der Hauptstraße ab und gehe eine düstere Straße mit Kopfsteinpflaster entlang. Das Gebäude am Ende der Häuserreihe ist eine nichts sagende Mischung aus Backstein und Glas und sieht aus, als sei es von einem dieser gescheiterten Architekten der sechziger Jahre entworfen worden – das Einzige, was sich eine finanziell abgebrannte Universität damals leisten konnte. Ich streife meine Schuhe an der Fußmatte ab, trete ein und fahre mit dem Aufzug ins oberste Stockwerk.

Als sich die Aufzugstür öffnet, dringt mir ein seltsamer Geruch in die Nase. Es riecht wie in einer Brauerei, deren Hygieneniveau nicht mehr der Norm entspricht. Der Gestank wird vorwiegend von Hefen beherrscht, wird aber von einer ganzen Heerschar weniger bekannter Düfte angereichert, die für eine unangenehme Mischung sorgen.

Draußen im Flur stehen Kisten mit Viertelliter-Milchflaschen an der Wand. Erinnerungen aus längst vergangenen Schultagen werden plötzlich wieder wach, als ein Viertelliter lauwarme Milch fester Bestandteil der Erziehung eines Kindes war. Aber dieses aufkommende nostalgische Gefühl wird sofort im Keim erstickt, als ich bemerke, dass die Flaschen mit den Exkrementen der Fruchtfliege verschmiert sind. Ich gehe weiter, durch eine schwere Doppeltür hindurch.

Plötzlich bin ich in einer völlig anderen Welt. Alles ist hell, sauber, modern und neu. Der Gegensatz zum deprimierenden äußeren Eindruck des Gebäudes könnte extremer kaum sein. Der ganze Ort strotzt nur so vor hoch subventionierter Üppigkeit. Der Wissenschaft geht es eindeutig gut hier.

Der Korridor ist eng, nicht viel breiter als einen Meter. Auf beiden Seiten kennzeichnen Schiebetüren die Eingänge zu den Räumen mit konstanter Temperatur – fensterlose Kammern, in denen Temperatur und Licht so eingestellt werden können, dass sie das Maximum aus der Produktivität der Fruchtfliege herausholen können. Draußen, in der freien Natur, können sich die Launen des Wetters verheerend auf den Ehrgeiz der Fruchtfliege auswirken, Eier zu legen. Sperrt man sie aber in einen Raum mit einer konstanten Temperatur von 25 Grad Celsius und sorgt für zwölf Stunden Licht und zwölf Stunden Dunkelheit, dann wird einen die Fruchtfliege – so sicher wie das Amen in der Kirche – auch nicht im Stich lassen.

Eine der Türen ist geöffnet, und ich stecke meinen Kopf hinein. Das Zimmer ist winzig, vielleicht so groß wie ein Gartenschuppen. Durch die vom Fußboden bis zur Decke reichenden Regale an allen vier Wänden wirkt alles noch viel enger. In den Regalen stehen noch mehr Viertelliter-Milchflaschen. Es sind Hunderte, und in jeder Flasche hausen Hunderte von Fliegen. Es könnten insgesamt eine Million Fruchtfliegen hier drin sein.

Im Raum befindet sich außerdem noch die Fruchtfliegenbiologin Tracey Chapman, meine Gastgeberin für heute. Tracey hat den größten Teil ihrer Forschungskarriere das Sexualleben der Fruchtfliege studiert. Sie hat sich auf die Samenflüssigkeit spezialisiert. Man könnte meinen, ein merkwürdiges Thema, dem sie ihr Leben verschrieben hat. Aber bei Fruchtfliegen spielt die Samenflüssigkeit eine größere Rolle, als man bei oberflächlicher Betrachtung ahnt. Der Samen der Fruchtfliege hat etwas Teuflisches an sich.

Tracey sitzt am Schreibtisch und konzentriert sich auf die von einem Scheinwerfer beleuchtete durchsichtige Butterbrotbox, die zu einer improvisierten Arena für Fruchtfliegen geworden ist, die sich gegenseitig den Hof machen. Ich betrete den Raum und quetsche mich auf einen Stuhl, um das muntere Treiben beobachten zu können.

Im Inneren der Box krabbeln Hunderte von Fliegen über das Plastik. Viele von ihnen haben sich bereits zu Paaren zusammengefunden, wobei die Weibchen vorauslaufen, dicht gefolgt von den Männchen, die offenbar auf ihr sahnigweißes Hinterteil fixiert sind, das durch die Menge an Eiern aufgedunsen ist.

Offenbar gehen die Männchen ihrer Beschäftigung mit einer Dringlichkeit nach, die den Weibchen völlig abgeht. Die sexuelle Spannung in ihren ruckartigen neurotischen Bewegungen ist fast mit Händen greifbar. Ein Männchen folgt einem Weibchen kreuz und quer durch die Schachtel, bis ein einzelnes Weibchen in entgegengesetzter Richtung an ihm vorbeiläuft. Verwirrt durch einen Konflikt des Begehrens, hält das Männchen inne, um über seine Möglichkeiten nachzudenken. Aber bevor es sich entschieden hat, sind beide Weibchen in der Menge untergetaucht, und das Männchen steht da, allein gelassen auf einem verlassenen Flecken Plastik.

Für solche kleinen, vermeintlich simplen Tiere wie die Fruchtfliege ist die Werbephase eine bemerkenswert ausgeklügelte Geschichte. Zwar hat das Liebesspiel der Fruchtfliege nichts von der Brachialgewalt und Brutalität der Elefantenrobbe oder vom majestätischen Pomp des Pfaus, aber das Hofmachen der Fruchtfliege hat seinen eigenen, seltsamen Charme. Welches andere Männchen verlässt sich schon auf diese eigenwillige Mischung aus Cunnilingus und Gesang, um die Unversehrtheit seines Samens hervorzuheben?

Ein Männchen verfolgt ein Weibchen, und ich schaue zu, wie routiniert es seine Masche des Heranmachens abspult. Der rechte Flügel steht senkrecht von seinem Körper ab und vibriert stürmisch. Das macht es ein paar Sekunden lang und wechselt dann über zum linken Flügel. Dann wieder zurück zum rechten. Manchmal streckt es beide Flügel aus und vibriert in Stereo.

Die Flügelvibrationen des Männchens kann man mit dem Singen eines Lieds vergleichen. Ohne Verstärkung ist das Lied für das menschliche Ohr fast nicht hörbar. Mit Verstärkung haben Biologen entdeckt, dass das Lied nur aus Rhythmus besteht und keine Melodie hat. Die Flügelvibrationen bringen rhythmische Klänge hervor – Beats, wenn Sie so wollen –, die durch Intervalle von Millisekunden voneinander getrennt sind. Im Laufe des Lieds variiert das Männchen sein Lied auf zyklische Art und Weise, beschleunigt, wird langsamer und beschleunigt erneut. Denken Sie an jemanden, der mit dem Gaspedal eines Zweitaktmotors spielt, dann wissen Sie, worum es im Prinzip geht:

Pup......Pup.....Pup....Pup...Pup..Pup.Pup.Pup.Pup..Pup...Pup....
Pup....Pup.....Pup....

Das Lied soll das Weibchen in eine romantische Stimmung versetzen. Aber in diesem Fall scheint das nicht zu funktionieren. In Wirklichkeit ist es das Weibchen, das die Dauer ihrer Begegnung zu diktieren scheint. Wenn sie innehält, hört auch das Männchen auf. Wenn es in seine Privatsphäre eindringt, stößt das Weibchen einen langen Dorn aus seinem Hinterleib hervor, mit dem es das Männchen abwehrt und auf Distanz hält. Dieser Dorn ist eigentlich ihr Ovipositor – die Eiablageröhre –, die sich allerdings auch wunderbar als Angriffswaffe benutzen lässt.

Hin und wieder ignoriert das Männchen die offiziellen Verlobungsregeln und stürzt sich mit einem Satz auf das Hinterteil des Weibchens, um es kurz und verstohlen abzulecken. Ahnt es seinen Schritt voraus, kann es das Männchen mit der Lanzette abwehren oder die unanständigen Körperteile unter dem Bauch verstecken, wo das Männchen nicht hinkommt.

Dieses Mal aber sieht es so aus, als gäbe das Weibchen seinen Avancen nach. Es bleibt stehen. Das Männchen hat seinen Penis in Stellung gebracht. Doch das Weibchen macht sich wieder davon, vermutlich ist es enttäuscht von dem Anblick. Aber das ist wahrscheinlich auch keine große Überraschung. Der Penis der Fruchtfliege gehört zu den eher bemitleidenswerten anatomischen Kleingebilden und sieht aus wie ein winziger Grashalm, der kaum von der Spitze des Hinterteils absteht.

Und so geht es weiter. Noch mehr Gesang, immer wieder Küsse, manchmal ein paar Schmuseeinheiten, wenn das Männchen verspielt auf seinen Vorderfüßen herumtrippelt. Erneute Zurückweisungen. Aufhören. Weitermachen. Aufhören. Rechts rum. Es ist fast schon ermüdend, dabei zuzusehen. Es hat nun fünfzehn Minuten lang das frustrierende Spiel «Gehorche meinem Anführer» gespielt. Auf den Menschen übertragen, kommt das etwa dreißig Tagen ununterbrochenen Hofmachens ohne Essen und Schlafen gleich. Und noch immer scheint die sexuelle Erfüllung in weiter Ferne zu liegen.

Doch plötzlich schlägt die Situation um. Ob aus Langeweile, Sympathie oder echter Anziehung heraus, bleibt offen, jedenfalls beschließt das Weibchen, dass die Zeit gekommen ist. Es bietet sein Hinterteil dar, und das Männchen klettert bereitwillig an Bord. Es biegt seinen Hinterleib unter seinen Körper, sodass sein Penis mit der Vagina des Weibchens in Berührung kommen kann. Hier zeigt sich die Besonderheit des Penis. Er mag zwar lächerlich klein sein, aber ein Fliegenmännchen braucht seinen Penis wie ein Zelt einen Hering. Zusammen mit seinen Vorderfüßen und einem Paar genitaler Haftorgane funktioniert der Penis wie ein Anker, der ihn sicher am Weibchen festhält.

Die beiden Fruchtfliegen schlurfen ein wenig herum und rücken ein letztes Mal ihre Genitalien zurecht. Die Kopulation bei Fruchtfliegen dauert üblicherweise etwa zwanzig Minuten. Aber heute wird unseren beiden Fliegen dieses Glück nicht so lange gegönnt. Nach ungefähr einer Minute der Besteigung hat Tracey das Pärchen mit einem Gummischlauch aus ihrer Box herausgesaugt und in ein kleines Glasröhrchen umgesetzt. Für ein paar Sekunden hüpfen sie noch an den Wänden entlang, bevor sie schließlich, sich gegenübersitzend, zur Ruhe kommen. Es wird ihnen nur dieser *Coitus interruptus* gewährt.

Die Fliegen sind enttäuscht, und ich bin es auch. Aber wir sind ja nicht wegen des billigen Nervenkitzels einer Fruchtfliegen-Peepshow hier. Die Trennung ist ausdrücklich im Drehbuch für das Experiment vorgesehen. Tracey möchte die Weibchen identifizieren, die bereit sind, sich zu paaren – gleichzeitig will sie aber verhindern, dass sie befruchtet werden. Deshalb muss sie das Paar innerhalb von zwei Minuten nach der Besteigung voneinander trennen, während das Männchen noch seine Genitalien in Position bringt.

Tracey interessiert sich für die versteckten Gefahren der Samenflüssigkeit und die von den Weibchen angewandten Gegenmaßnahmen. Das Experiment ist fester Bestandteil der aktuellen Forschung über die dunkle Seite des Fruchtfliegensex; ein Forschungsbereich, in dessen Rahmen das Image der Samenflüssigkeit gerade einem Wandel unterworfen ist. Es kann nicht länger als harmloses Medium für den Transport von Spermien betrachtet werden. Die Samenflüssigkeit der Fruchtfliege ist ein tückischer Cocktail chemischer Waffen in einem nie endenden Krieg der Geschlechter.

Sex war schon immer eine ziemlich heikle Angelegenheit. Die Evolution hat auf ihre blinde und gnadenlose Art eine Welt geschaffen, in der Männchen und Weibchen in ewigem Konflikt über Fragen der Elternschaft sind. Zwar wollen beide Geschlechter das Gleiche – nämlich so viele gesunde Nachkommen wie möglich großziehen –, aber die biologischen Unterschiede bringen es mit sich, dass sie unterschiedliche und nicht miteinander zu vereinbarende Wege zu diesem Ziel verfolgen.

Kurzum, der Konflikt entzündet sich an den Geschlechtszellen. Männchen produzieren Millionen von Spermien, während Weibchen eine viel geringere Anzahl an Eiern hervorbringen. Diese Diskrepanz in der Produktion von Geschlechtszellen bedeutet, dass ein Männchen wesentlich mehr Eier befruchten kann, als ein einziges Weibchen zu produzieren vermag. Aus der Perspektive des Männchens ist Promiskuität die beste Möglichkeit, den Fortpflanzungserfolg zu maximieren. Wenn alle Männchen die Strategie sexueller Gier verfolgen, wird es unausweichlich sowohl Ge-

winner als auch Verlierer bei der Konkurrenz um Geschlechtspartner geben.

Weibchen betrachten Sex aus einem völlig anderen Blickwinkel. Da die Eiproduktion die Anzahl ihrer möglichen Nachkommen begrenzt, liegt die beste Strategie zur Maximierung des Fort-
pflanzungspotenzials darin, wählerisch zu sein, was die Partner
und die Häufigkeit der Paarung betrifft. Wenn Spermien derart
im Überfluss verfügbar sind, zahlt es sich aus, sich umzusehen
und den besten Anbieter für die eigenen Eier zu bekommen. Entscheidet man sich für den Samen eines gut angepassten, gesunden
Männchens, statt auf einen schmächtigen Loser hereinzufallen,
wird sich dies in langfristigen evolutionären Dividenden auszah-
len.

Der Interessenkonflikt zwischen Männchen und Weibchen ist
also ein Konflikt zwischen Quantität und Qualität. Darwin entdeckte diese Asymmetrie, die dem Sex zugrunde liegt. Daraus ergab sich für ihn auch die Erklärung, warum die Männchen vieler
Spezies so viel größer und auffällig bunter sind als ihre Partnerinnen.

Wenn es einen Wettbewerb unter Geschlechtsgenossen um das
andere Geschlecht gibt, der sich normalerweise – aber nicht ausschließlich – unter Männchen abspielt, wird jedes Verhaltensmerk-
mal, das die Chancen auf Elternschaft erhöht, von einer Instanz
bevorzugt, die Darwin «sexuelle Selektion» genannt hat. Im Gegensatz zur natürlichen Selektion ist der Kampf um einen Partner
und nicht der Existenzkampf das Anliegen der sexuellen Selektion.
Darwin glaubte, dass zum Beispiel das Geweih des Rothirsches
oder das prächtige Gefieder des Pfaus sich nicht entwickelten, um
die Überlebenschancen des Männchens zu erhöhen, sondern um
seine Aussichten auf Zeugung von Nachwuchs zu verbessern.

Mit anderen Worten, die Evolution hat die Männchen in eine
Heerschar von Rüpeln und Angebern verwandelt. Bei manchen

Spezies kämpfen die Männchen um Partnerinnen, indem sie versuchen, ihre Gegner zur Unterwerfung zu zwingen. Männchen anderer Arten stellen ihren «Gesundheitszustand» mit schamlosem Exhibitionismus zur Schau.

Während viele Spezies es vorziehen, ihre sexuellen Kämpfe im Freien auszutragen, wählen andere eine eher verdeckte Methode. So weitet sich beispielsweise bei bestimmten Insektenarten manchmal die Elternschaftskampfzone bis ins Innere des Weibchens aus. Während der Kopulation können Männchen das Sperma von Rivalen beiseite schieben, bevor sie ihr eigenes deponieren.

Um sie bei ihrem Samen-Frühjahrsputz zu unterstützen, hat die Evolution den Insektenpenis mit allen möglichen verrückten Schikanen ausgestattet. Der Penis des Mittelmeer-Kaninchenflohs zum Beispiel mit seinen Haken, Stacheln und Federn hat mehr Zubehör als ein Schweizer Taschenmesser und gilt unter Kennern als der komplizierteste Penis der Welt. Manche Penisse sind aufgedonnerte Löffel, andere haben Peitschen und Troddeln. Eine Libellen-Art hat sogar ein Organ, das aufgeblasen werden kann, wenn es im Weibchen steckt, sodass es das Sperma der Rivalen an den Rand drängen kann.

Manche Insektenmännchen scheinen vor nichts zurückzuschrecken, wenn es darum geht, ihre Vaterschaft zu sichern. Viele Spezies zementieren den Genitaltrakt des Weibchens nach der Paarung ein, um andere Männchen daran zu hindern, sich mit ihm zu paaren. Manche Arten «paaren» sich mit anderen Männchen und versuchen dabei, die Genitalien ihrer Rivalen außer Gefecht zu setzen. Noch bizarrer ist *Xylochoris maculipennis*, ein Insekt, das jede Vorstellung von sexueller Etikette über Bord geworfen hat. Statt seinen Penis an der üblichen Stelle einzuführen, benutzt das Männchen ihn wie eine Subkutannadel und injiziert sein Sperma durch die Haut des Weibchens. Das Sperma schwimmt dann in ihrem Körper umher, bis es gegen ihre Eier stößt. Noch hinterhältiger sind jene Männchen, die ihren Samen in die Körper von Rivalen injizieren. Sind die Spermien drinnen, schwimmen sie zu den Hoden, wo sie darauf warten, ejakuliert zu werden.

Im Kampf um Geschlechtspartner scheint *Xylochoris maculipennis* eine extreme «Abfeuern-und-vergessen»-Strategie entwickelt zu haben, in der das Sperma die Arbeit verrichtet. Die Fruchtfliege aber weitet den Sexkrieg um einen weiteren Schritt aus. Die Schlachten werden nicht mit Penissen gewonnen oder verloren – die Fruchtfliege ist nicht gut gerüstet für irgendeine Art von genitalem Hokuspokus –, sondern mit den Proteinen in der Samenflüssigkeit. Jedes Mal, wenn ein Männchen ein Weibchen befruchtet, liefert es einen Drogencocktail ab, der darauf abgestimmt ist, die Kontrolle über Körper und Geist des Weibchens zu erringen und sie in seinem eigenen Interesse handeln zu lassen.

Diese neuen Erkenntnisse haben das traditionelle Softie-Image der Samenflüssigkeit infrage gestellt. Normalerweise geht man davon aus, dass sie lediglich ein flüssiges Transportmittel für das Spermium ist. Ihr reichhaltiges Sortiment an Chemikalien diene – so heißt es – als eine Art chemisches Lunchpaket, um das Spermium während seiner langen Reise auf der Suche nach Eiern zu unterstützen. Aber diese Auffassung bleibt größtenteils spekulativ. Mit Ausnahme der Samenflüssigkeit von Fruchtfliegen und einiger anderer Insektenspezies, hat niemand wirklich einen Anhaltspunkt, was die meisten Chemikalien in der Samenflüssigkeit in Wahrheit tun. Selbst bei Menschen bleibt die exakte Funktion der meisten Samenbestandteile im Verborgenen.

Der erste wichtige Hinweis darauf, dass der Fruchtfliegensamen nicht ganz so harmlos sein könnte, kam in den fünfziger Jahren auf, als Insektenphysiologen entdeckten, dass der Samen das Verhalten des Weibchens manipulieren konnte. Wurde er direkt in die Weibchen injiziert, unterdrückte die Samenflüssigkeit die

Libido und löste das Eierlegen aus. Wenn das letzte an der Paarung beteiligte Männchen zusammen mit seinem Samen diese Wirkungen hervorrufen konnte, dann wurden seine Chancen auf Vaterschaft ganz erheblich gesteigert.

Jahre später wurden die für diese Effekte verantwortlichen Chemikalien bis zu den so genannten akzessorischen Geschlechtsdrüsen zurückverfolgt, die unmittelbar neben den Hoden sitzen. Innerhalb der Drüsen werden Proteine hergestellt und gespeichert in Vorbereitung auf die Ejakulation und ihre Katapultierung auf feindliches Territorium. Bis jetzt sind etwa zwanzig Proteine identifiziert worden, aber aktuelle Schätzungen kommen zu dem Ergebnis, dass in der Tat hundert von ihnen an der molekularen Offensive beteiligt sein könnten.

Im Kampf um Elternschaft schwärmen Proteine in alle Winkel des weiblichen Körpers aus. Manche bleiben nahe der Heimat im Genitaltrakt, andere wagen sich weiter in die Ferne hinaus und reisen im Blutkreislauf, um ihren Einfluss auf das Gehirn auszuüben. Es sieht so aus, als habe die Evolution in dem Radau, den sie veranstaltet, um Gene in die nächste Generation zu schleusen, den weiblichen Körper unabsichtlich in ein Kriegsgebiet verwandelt, wo an allen Fronten Kämpfe ausgefochten werden.

Es fällt schwer, dieses brutale Beispiel chemischer Kriegsführung mit dem Bild der vor meinen Augen turtelnden Fliegen in Verbindung zu bringen. Gewalttätigkeit scheint so ziemlich das Letzte zu sein, woran die beiden jetzt denken. Diejenigen, die sich noch in der Arena befinden, haben sich an den Rand der Schachtel zurückgezogen und sind offensichtlich erschöpft von den morgendlichen Aktivitäten. Zwei Stunden auf einem kleinen Stuhl haben mir einen krummen und schmerzenden Rücken eingebracht, sodass ich beschließe, mir etwas die Beine zu vertreten. Eine Pause im Protokoll kommt mir sehr gelegen, um mich ein wenig in den anderen Räumen dieses großartigen wissenschaftlichen Instituts umzusehen.

Ich wandere durch die Korridore, stecke meinen Kopf durch die Türen, unterhalte mich ein wenig und versuche, die Atmosphäre des Ortes einzuschätzen. In einem Raum sitzen sechs oder sieben Leute hübsch in Reih und Glied auf einer Bank. Jeder ist über ein Mikroskop gebeugt und völlig absorbiert vom Zählen, Messen und Beobachten der Fliegen. Die Arbeit wird in fast stoischer Ruhe geleistet, wenn man vom gedämpften Gedudel eines Radios in der Ecke absieht, diesem kleinen Zugeständnis an die Außenwelt.

Nicht jeder hier studiert das Sexualleben der Fruchtfliegen. Es liegen gerade einige Forschungsprojekte an. Wie wirkt sich Diät auf die Lebensspanne der Fruchtfliege aus? Warum nimmt die Größe der Fliegen zu, je weiter man sich vom Äquator entfernt? Was geschieht mit den Fliegen, wenn sie Inzucht betreiben? Wegen dieser und Dutzender weiterer Fragen bleiben die Forscher an ihren Mikroskopen kleben.

Trotz ihrer unterschiedlichen Ziele scheinen alle im Labor durch ihren Fleiß und ihre Produktivität miteinander verbunden zu sein. Wen sollte das wundern? Die Fruchtfliege ist ein anstrengendes kleines Biest. Und gerade die Eigenschaft, die sie als wissenschaftliches Werkzeug so nützlich macht, nämlich ihre Fruchtbarkeit, verurteilt die Fruchtfliegenforscher zu lebenslanger sklavischer Hingabe. Allein die Sicherung der grundlegenden Bedürfnisse der Fruchtfliege wie Fütterung, Sauberhaltung und Unterbringung ist ein immenser Arbeitsaufwand. Und dann kommt noch die zusätzliche Belastung durch Experimente hinzu.

Die Fruchtfliegenforschung ist weniger eine Beschäftigung als vielmehr eine komplette Lebensphilosophie. Sie nimmt Zwölfstundentage und Siebentagewochen in Anspruch. Urlaub gibt es selten oder gar nicht. Nicht einmal vor gesetzlichen Feiertagen haben die Bedürfnisse der Fruchtfliege Respekt. So ist es kaum verwunderlich, dass sie eine Mischung aus Zuneigung und Abscheu hervorruft. Einerseits ist sie der Garant für wertvolle wissenschaftliche Erkenntnisse, andererseits raubt sie einem aber auch das Privatleben. Das gleiche Tier, das Daten am laufenden Band liefert, hält einen Wissenschaftler über das Mikroskop gebeugt, wenn alle anderen bereits ins Bett gehen.

Ich gehe einen anderen Flur hinunter, auf die Küche zu, das Zentrum der ganzen Betriebsamkeit. Futter steigert die Lust der Fruchtfliege und hält den Brutreaktor am Laufen. Während erwachsene Fliegen alles fressen, sind die Larven, wie die meisten Jungtiere, ziemlich mäkelig, was ihre Nahrung betrifft. Sie ziehen die Hefen, die auf dem verfaulenden Obst wachsen, dem Obst selbst vor. Deshalb steht heute, wie an jedem anderen Tag, Hefe auf der Speisekarte.

In einer Ecke der Küche steht auf einem Gasherd ein Kochtopf, der so groß ist, dass ein kleines Kind darin Platz hätte. Darin blubbert eine klebrige blassbraune Mischung wie eine heiße Schlammquelle vor sich hin. Ab und zu erbricht die Pampe halbherzige Geysire in die Luft. Dieses kochende Gebräu, eine stechend riechende Mixtur aus Hefe, Agar-Agar, Zucker, Maisbrei und Wasser, hält die Laborfliege auf Trab. Wenn die Flüssigkeit abgekühlt ist, wird sie in saubere Milchflaschen gegossen, wo sie hart wird und eine Art Kuchen ergibt. Nur wenige Kuchen sind so vielseitig wie dieser. Die Fliegen essen ihn, legen ihre Eier in ihn hinein, brechen schließlich auf ihm zusammen und sterben auf ihm.

In der Fruchtfliegenküche wird, wie in allen Küchen, sowohl gekocht als auch abgewaschen. Tausende von Milchflaschen fallen hier wöchentlich an. Jede einzelne muss sauber geschrubbt und sterilisiert werden, bevor sie zur Wohnung für die nächste Fliegengeneration werden kann. Niemand möchte, dass sich Parasiten oder Krankheitserreger einnisten. Dennoch kommt es vor, dass trotz dieser Vorsichtsmaßnahmen Infektionen auftreten. Der gefürchtetste Albtraum sind Milben. Sie können das Leben für Fliege und Mensch zur Qual und Monate harter Arbeit zunichte machen.

Ich verlasse die Küche, kehre zur Brotbox zurück und stelle fest, dass die Fliegen sich in mehr oder weniger der gleichen Position befinden, in der ich sie verlassen hatte. Sie sitzen allein in den Ecken der Box. Vielleicht ist es ein Sit-in als kollektiver Protest gegen die Monotonie ihres Futters. Vielleicht ist es aber auch an der Zeit, dass ich mir etwas Neues ansehe.

Tracey sitzt in einem anderen Zimmer auf einer Bank und hantiert mit einem elektrischen Gerät. Obwohl ich noch nicht weiß, worum es sich dabei handelt, habe ich ein ungutes Gefühl. Es hat etwas medizinisch Bedrohliches an sich. Das offensichtlich zur Handhabung bestimmte Teil – ein Paar feinster Elektroden aus Wolframdraht – ist über Kabel mit einer schwarzen Kiste aus Bakelit verbunden. Dieser Apparat hat keinen richtigen Namen, aber nachdem mich Tracey in seine Funktion eingeweiht hat, beschließe ich, aus Gründen, die sich bald erschließen werden, ihn «Kastrometer» zu nennen. Er mag zwar Furcht einflößend sein, aber wie ich in Kürze entdecken sollte, trug das Kastrometer dazu bei, ein sexuelles Rätsel zu lösen, das die Forscher nun fast schon dreißig Jahre lang beschäftigte; ein Rätsel, dessen Lösung bei der ganzen Samenproteingeschichte einen bitteren Nachgeschmack hinterlässt.

In den sechziger Jahren bereits fand jemand heraus, dass Sex für Fruchtfliegenweibchen gesundheitsschädlich war. Experimente bewiesen, dass promiskuitive Weibchen nicht so lange lebten wie ihre enthaltsamen Geschlechtsgenossinnen. Für sich genommen war das Resultat gar nicht so düster, wie es klingt. Eine sich anbietende Erklärung für die kürzere Lebensspanne war, dass die Weibchen einfach der Philosophie «Schnell-leben-jung-sterben» folgten, indem sie weniger Zeit auf Erden für mehr Gene in der nächsten Generation eintauschten.

Doch nachfolgende Experimente bewiesen, dass dies nicht der Fall war. Promiskuitive Weibchen starben nicht nur früher, sondern legten auch weniger befruchtete Eier. Die Botschaft für Fliegenweibchen war eindeutig: Zu viel Sex kann dich umbringen.

Aber welcher Aspekt des Sex war mit so hohen Kosten verbunden? War es der von ständiger männlicher Belästigung verursachte Stress? Waren es körperliche Verletzungen, hervorgerufen durch das grobe Kopulationsgestoße? Oder waren sexuell übertragene Parasiten und Krankheiten schuld daran?

Eine ganz andere Möglichkeit war die, dass die Samenflüssigkeit die Übeltäterin war. Falls der Samen der Fruchtfliege ein mildes Gift für das Weibchen war, konnten wiederholte Befruchtungen zu einem frühzeitigen Tod durch Vergiftung führen. Das war eine faszinierende Erklärung, aber noch gab es keine Beweise, die sie hätten stützen können.

Im Laufe der nächsten dreißig Jahre arbeiteten Fruchtfliegenbiologen hart daran, die verschiedenen Aspekte des Werbeverhaltens und der Kopulation aufzudröseln und ihre Auswirkungen auf die Lebensspanne des Weibchens zu untersuchen. In den späten achtziger Jahren entdeckten Kevin Fowler und Linda Partridge von der Universität Edinburgh – heute forschen sie am University College in London –, dass es bei der Paarung etwas Besonderes gab, was das Leben einer weiblichen Fruchtfliege verkürzen konnte.

Der Schlüssel zu dem Erfolg von Kevin Fowler und Linda Partridge lag in ihrer Fähigkeit, die Auswirkungen des Hofmachens von denen der Paarung zu unterscheiden. Ihr Plan war verblüffend einfach. Sie hatten sich vorgenommen, ein paar ganz normale Fliegenweibchen in zwei Gruppen aufzuteilen. Die eine Gruppe sollte mit Männchen zusammengebracht werden, die ganz normal um sie werben und sich mit ihnen paaren sollten. Der zweiten Gruppe sollten Männchen zugeteilt werden, die ihnen zwar auf übliche Weise den Hof machen sollten, aber zur Paarung nicht in der Lage waren. Fowler und Partridge wollten dann die durchschnittliche Lebensspanne der Weibchen in den beiden Gruppen miteinander vergleichen. Dabei müsste die erste Gruppe die Effekte von Werbungstanz und Paarung offenbaren, die zweite Gruppe hingegen allein die Effekte der Werbung. Zöge man nun die Auswirkungen des Werbungstanzes von den Effekten der Werbung plus Paarung ab, so müsste man eigentlich die Auswirkungen der Paarung vor sich haben.

So einfach dies klingt, es musste doch ein offenkundiges Problem überwunden werden. Fowler und Partridge mussten Männchen finden, die den Werbungstanz beherrschten, aber sich nicht paaren konnten. Zunächst suchten sie nach geeigneten Sexmutanten auf dem Fruchtfliegenmarkt. Der *fruitless*-Mutant schien ein möglicher Anwärter dafür zu sein, da er eifrig den Werbungstanz aufführte, aber zögerlich war, wenn es darum ging, die Sache zu Ende zu bringen. Aber *fruitless* war kein idealer Kandidat, da er mit Begeisterung sowohl weibliche als auch männliche Fliegen umschwirrt. Bringt man einen Haufen *fruitless*-Männchen in einer Flasche zusammen, dauert es nicht lange, und schon reihen sie sich, den Kopf am Hinterteil des anderen, zu einer Werbe-Polonaise auf.

Es stand eine Menge anderer Mutanten zur Auswahl. Da gab es zum Beispiel *Ken* und *Barbie*, die Lieblinge der Kinder: mutierte Fliegen, die mit einem nichts sagenden Stückchen Haut an der Stelle geboren waren, wo eigentlich die Geschlechtsorgane gewesen sein sollten. Dann gab es noch den katholischen Mutanten namens *coitus interruptus*, eine Fliege, die bei der Kopulation auf halber Strecke kalte Füße bekommt. Aber der verrufenste von allen war *stuck*. Das Problem des armen *stuck* besteht darin, dass er seinen Penis zwar einführen, aber nicht wieder herausziehen kann. Ohne fremde Hilfe bleibt *stuck* am Weibchen kleben, bis er verhungert.

Auf keinen dieser Mutanten hatten es Fowler und Partridge abgesehen. Ihre Eigenarten genügten nicht ihren Ansprüchen. Da keine geeigneten Mutanten aufzutreiben waren, blieb nur eine einzige Alternative: Um selbst Fruchtfliegen zu kreieren, die zwar den Werbetanz ausführen, nicht aber sich paaren konnten, mussten normale Männchen kastriert werden.

Höchste Zeit, das Kastrometer zu erfinden.

Im Prinzip unterscheidet sich das Kastrometer nur wenig von den Transformatoren, die von Modelleisenbahnfans benutzt wurden. Statt aber die Elektroden an jeder Seite der Gleise zu befestigen, werden sie behutsam an die unteren Körperregionen des Fruchtfliegenmännchens gedrückt. Der Penis schließt den elektrischen Stromkreis und wird folglich weggeschmolzen. Die Vorrichtung ist ein Präzisionsinstrument, das eine ruhige Hand erfordert, um die besten Ergebnisse zu erzielen. Sieht man Rauch aufsteigen, weiß man, dass man zu fest gedrückt hat. Dann hat man nicht nur den Penis versengt, sondern gleich auch noch den größten Teil der inneren Organe. Drückt man jedoch zu zaghaft, könnte der Penis noch funktionieren. Der Trick dabei ist also, gerade genügend Druck auszuüben, um die Geschlechtsöffnung zu schmelzen und zu versiegeln, sodass eine flache Narbe dort zurückbleibt, wo einmal der Penis war.

Manch einer mag das Kastrometer als Rückkehr der Dickens'schen Zeiten der Tierphysiologie verstehen, aber so grausam es auch klingen mag, die Fliegen bekamen die bestmögliche Behandlung. Vor der Operation erhielten alle eine Vollnarkose, und die meisten erlangten nach der Tortur ihre Lebensfreude wieder. Selbst ihr Gesang blieb auf der gewohnten Höhe. Vielleicht waren sie ein wenig wund zwischen den Beinen, aber ansonsten schien es ihnen gut zu gehen, und innerhalb weniger Minuten hatte ihr Interesse am anderen Geschlecht wieder präoperative Ausmaße angenommen. Die Fruchtfliegenmännchen konnten alles tun, was normale Fliegen auch taten, mit Ausnahme der Paarung.

Fowler und Partridge hatten jetzt alles, was sie brauchte, um die Auswirkungen des Werbeverhaltens und der Paarung auf die Lebensspanne des Weibchens voneinander zu unterscheiden. Eine Gruppe von Fliegen wurde mit normalen Männchen zusammengebracht, eine andere Gruppe mit den kastrierten Männchen. Die Ergebnisse waren beeindruckend. Die Weibchen, die von normalen Männchen umworben und befruchtet wurden, lebten nicht so lange wie die Weibchen, denen der Hof von kastrierten Männchen gemacht wurde. Mit anderen Worten: Es musste etwas ganz Besonderes im Laufe der Paarung geben, das den frühen Tod der Weibchen verursachte.

Welche Rolle die Samenflüssigkeit in dieser unheimlichen Geschichte von Sex und Tod spielt, wurde schließlich 1995 klar, als Tracey Chapman und ihre Kollegen den lange gehegten Verdacht bestätigten, dass der Samen der Fruchtfliege tatsächlich eine giftige Zeitbombe ist.

Eine moderne molekularbiologische Technik ermöglichte den Schuldspruch. Tracey benutzte eine Sorte männlicher Fruchtfliegen, die gentechnisch so manipuliert waren, dass sie defekte akzessorische Geschlechtsdrüsen hatten. Die veränderten Fliegen waren nicht in der Lage, Samenproteine herzustellen, aber ihre Produktion von Sperma und anderen zum Samen gehörenden Chemikalien blieb davon unberührt.

Wurden die Proteine aus dem Samengebräu entfernt, verlängerte dies die Lebensspanne des Weibchens. Weibchen, die das Glück hatten, sich mit den genmanipulierten Männchen zu paaren, lebten etwa fünfzig Prozent länger als Weibchen, die von normalen Männchen befruchtet wurden. Dies also war der endgültige Beweis dafür, dass Samenproteine die Weibchen nicht nur gefügig machten, sondern sie auch umbrachten.

Es scheint ein perverser Widerspruch zu sein, dass die Substanz, die Leben spenden kann, auch imstande ist, es auszulöschen. Bei dieser Angelegenheit ist so manches nicht ganz logisch. Es macht einfach keinen Sinn, die Partnerin zu töten, zumindest nicht, bis sie die Eier gelegt hat, die man gerade befruchtet hat.

Tracey hält es für unwahrscheinlich, dass Samenproteine sich mit dem Ziel zu töten entwickelt hätten. Viel plausibler sei es, Giftigkeit als ein evolutionäres Abfallprodukt zu betrachten, einen Nebeneffekt der Chemikalien, deren Hauptzweck der Kampf an der Frontlinie im Wettstreit um Elternschaft sei. Ob beabsichtigt oder nicht, die Toxizität ist real genug für Weibchen, um eine angemessene eigene Antwort auszuarbeiten. Der molekulare Krieg mag zwar einseitig erscheinen, aber Weibchen sind weit davon entfernt, leichte Beute zu sein. Verglichen mit den Männchen, weiß man sehr wenig über den weiblichen Aspekt des Konflikts. Dieses Ungleichgewicht im Sexualwissen ist eher eine Spiegelung der Praxis als ein Zeichen von Sexismus in wissenschaftlichen Studien. Bei Männchen ist selbstverständlich die Samenflüssigkeit das Vehikel für ihre molekulare Offensive. Doch die Weibchen sind wesentlich trickreicher. Ihre Verteidigung könnte irgendwo in ihrem Köper verborgen sein, und man weiß nicht so recht, wo man zu suchen anfangen soll.

Die Details mögen zwar bruchstückhaft sein, aber es gibt eine

Menge Indizienbeweise zugunsten einer weiblichen Verteidigung. So scheinen beispielsweise nicht alle akzessorischen Geschlechtsdrüsenproteine des Männchens für offene Angriffe geeignet zu sein. Das akzessorische Geschlechtsdrüsenprotein Acp76A trägt all die Kennzeichen eines molekularen Beschützers und weist darauf hin, dass es vermutlich andere Samenproteine auf ihrem Weg durch feindliches Gelände begleitet und beschützt. Wovor aber sollte Acp76A die anderen Proteine beschützen, wenn nicht vor einer weiblichen Gegenattacke?

Aber das überzeugendste Indiz für eine weibliche Verteidigung ging aus Experimenten hervor, die die Fruchtfliegen-Koryphäe Bill Rice an der Universität von Kalifornien in Santa Cruz durchführte. Rice hat nicht nur demonstriert, dass Weibchen mit den molekularen Manövern des Männchens umgehen können, er hat darüber hinaus gezeigt, dass Waffen auf beiden Seiten der Geschlechterkluft ständig verfeinert werden. Es sieht so aus, als seien Männchen und Weibchen in einem evolutionären Rüstungswettlauf gefangen.

Rice verbrachte den größten Teil der späten neunziger Jahre damit zu beobachten, was mit den Fliegen geschah, wenn er die üblichen evolutionären Gefechtsregeln änderte. In einem Experiment verwendete er spezielle, so genannte Balancer-Chromosomen, um eine Sorte weiblicher Fruchtfliegen zu kreieren, die nicht in der Lage waren, sich zu entwickeln. Dann bildete Rice zwei Gruppen von Fliegen. In der ersten Gruppe paarte er normale Männchen mit den evolutionär stillgelegten Weibchen. In der zweiten Gruppe, der Kontrollgruppe, arrangierte er ein konventionelles evolutionäres Gefecht mit normalen Männchen und normalen Weibchen.

Als Rice seine Fliegen vierzig Generationen später wieder untersuchte, stellte er einige bemerkenswerte Veränderungen fest. Wenn die Evolution der Weibchen in Schach gehalten wurde, schienen die Männchen die Kontrolle über den sexuellen Konflikt übernommen zu haben. Verglichen mit den Männchen in der Kontrollgruppe, war ihre Vaterschaftsgarantie enorm erhöht, und sie zeugten mehr Nachkommen. Die Toxizität der Samenflüssigkeit war ebenfalls angestiegen. Gegen Ende des Experiments war die durchschnittliche Lebensspanne der entwicklungsunfähigen Weibchen nur halb so groß wie die der Weibchen aus der Kontrollgruppe.

Im Laufe von vierzig Generationen hatte die Evolution das molekulare Arsenal der Männchen so verfeinert, dass die Samenproteine sowohl gegen die männlichen Konkurrenten als auch gegen die Weibchen effektiver eingesetzt werden konnten. Da die Weibchen ihres evolutionären Potenzials beraubt waren, konnten sie nicht darauf reagieren. Was einst ein Krieg zwischen zwei gleich starken Kräften gewesen war, hatte sich nun zu einer einseitigen Angelegenheit entwickelt. Es war, als bauten die Männchen ihr neuestes Star-Wars-Programm aus, während die Weibchen weiter Scud-Raketen abfeuerten.

Die Experimente von Rice bewiesen, dass Männchen und Weibchen sich auf dieselben evolutionären Katz-und-Maus-Spiele einlassen müssen wie ein Parasit und sein Wirt. Sobald ein Männchen eine neue Angriffsstrategie entwickelt, muss das Weibchen mit einer Gegenattacke kontern.

Niemand weiß wirklich, wie sich dieses evolutionäre Spiel auf das Spannungsfeld des molekularen Kampfes übertragen lässt. Aber eine Interpretationsmöglichkeit des Konfliktes liegt darin, ihn sich als eine Art chemischen Ringkampf um die Kontrolle des weiblichen Verhaltens und ihrer Physiologie vorzustellen. Dies ist keine übertriebene Annahme, weil viele Samenproteine vermutlich die Hormone des Weibchens imitieren.

Hormone rufen Stoffwechselveränderungen in Zellen und Geweben hervor. Die Hormone selbst haben mit der Dreckarbeit nichts zu tun. Sie sind lediglich chemische Botenstoffe, die den «Rezeptoren» auf der Zelloberfläche Informationen liefern. Diese Rezeptoren sind molekulare Andockstationen, die Hormonen und anderen Molekülen außerhalb der Zelle die Kommunikation mit Molekülen im Inneren ermöglichen.

Samenproteine lösen nur dann eine Reaktion im Weibchen aus, wenn sie sich wirksam in die passenden Rezeptoren auf der Zelloberfläche des Weibchens einklinken können. Mit anderen Worten: die männlichen Proteine sind wie molekulare Schlüssel, deren Wirksamkeit davon abhängt, wie genau sie in die molekularen Schlösser der Weibchen passen. Sodann wird das evolutionäre Wettrüsten zu einem Kampf zwischen Schlössern und Schlüsseln. So schnell, wie Weibchen die Schlösser verändern können, entwickeln Männchen neue und effizientere Schlüssel, um sie zu öffnen.

Die chemische Schlacht findet vermutlich im ganzen weiblichen Körper statt, aber ihr Genitaltrakt sowie ihr Gehirn sind wahrscheinlich die Hauptkriegsschauplätze. In der Gegend rund um die drei Spermaspeicherorgane des Weibchens werden die Kämpfe besonders verbissen geführt. Dieses Gebiet ist von großer strategischer Bedeutung, weil hier das Sperma gelagert wird, bis es grünes Licht für die letzte Etappe seiner Reise zur Befruchtung der weiblichen Eier bekommt. Bei diesem molekularen Konflikt geht es hauptsächlich darum, die Kontrolle über diesen Lichtschalter zu erringen.

Eines der akzessorischen Geschlechtsdrüsenproteine, von dem man weiß, dass es in diesem Gebiet seinen Aufgaben nachkommt, hört auf den Codenamen Acp36DE. Dieses Protein treibt das Sperma regelrecht in die Spermaspeicherorgane des Weibchens hinein. Das Sperma der Männchen, denen dieses Protein fehlt, wird nicht sehr effektiv eingelagert, und es zieht in Konkurrenz mit anderen Männchen den Kürzeren.

Von einem anderen akzessorischen Geschlechtsdrüsenprotein namens Acp62F wird angenommen, dass es im selben Abschnitt zum Einsatz kommt. Dieser Schlawiner könnte sich als die molekulare Entsprechung einer Klostrippe erweisen. Es entspannt die Muskeln des weiblichen Spermaspeicherorgans und trägt so dazu bei, dass das Sperma rivalisierender Männchen fortgespült wird. Erstaunlicherweise hat Acp62F eine unheimliche Ähnlichkeit mit einem Protein der brasilianischen Giftspinne *Phoneutria nigriventer*, die damit ihre Beute lähmt. Der Sprung von Lähmung zu Gift ist nicht allzu groß, und Acp62F ist bereits zum Hauptverdächtigen bei der Suche nach der Giftquelle im Samen erklärt worden.

Meine eigene Suche nach der Toxizitätsquelle führt mich in eine Kneipe. Tracey trinkt ein Glas Bier mit mir, und wir unterhalten uns kurz über ihre künftigen Forschungspläne. Sie hofft, mehr über die Strategien zu erfahren, die Fliegenweibchen einsetzen, um der molekularen Offensive des Männchens entgegenzuwirken. Aber sie hat auch Pläne, die über das akademische Umfeld hinausgehen. Sie ist der Auffassung, dass Samenproteine eines Tages in der Schädlingsbekämpfung zum Einsatz kommen könnten. Männliche Insekten könnten gentechnisch so verändert werden, dass sie hochverdichtete Samen produzieren. Entließe man sie in die freie Natur, hinterließen sie eine Spur des Todes und frigide Weibchen obendrein. Ich bin sicher, dass die Grünen das toll fänden.

Bevor wir die eigentlichen Konsequenzen dieser Idee weiter diskutieren können, muss Tracey zurück ins Labor, um weitere Fliegen zu untersuchen. Ich bestelle ein neues Glas Bier und fange an, darüber nachzudenken, wie dieser Tag im Labor mein Wissen nicht allein über Sex, sondern auch über die ganze Kultur der Fruchtfliegenforschung erweitert hat.

Sexuelle Konflikte bei Fruchtfliegen tragen mit Sicherheit dazu bei, unsere eigenen belanglosen Streitigkeiten ins rechte Licht zu rücken. Nie wieder werde ich darüber streiten, wer den Abwasch machen soll oder in welcher Position der Toilettendeckel zu stehen hat. Andererseits wiederum, wenn Fruchtfliegen so etwas wie ein Leitbild sein sollen, sind dann vermutlich unsere verbalen Auseinandersetzungen lediglich die Spitze eines riesigen Eisbergs? Findet der wirklich ernsthafte Streit ganz woanders statt? Solange wir nicht ein wenig mehr über menschliche Samenproteine wissen, können wir die chemische Kriegsführung in unserer eigenen Spezies nicht ausschließen.

Wenn Sie sich also das nächste Mal in postorgastischer Lässigkeit mit Ihrer «Zigarette danach» zurücklehnen, denken Sie mal daran, was sich dort unten zusammenbrauen könnte, wenn sich ein Bataillon von Spermien mitsamt Geleitschutz in der Samenflüssigkeit auf der Suche nach Eiern in nördlicher Richtung vorwärts bewegt. Die Botschaft vom geschützten Sex bekommt dadurch eine völlig neue Perspektive.

Als ich mich in der Bar umschaue, mache ich ein paar Leute aus, die ich heute schon einmal gesehen hatte. Sie sitzen in einer Ecke und trinken, um zu vergessen. Auch ein paar alte Kollegen aus der Forschung sind da: Tropenbiologen, die gerade aus Trinidad, Peru und von anderen exotischen Orten zurückgekehrt sind. Mit ihren teuren, vom Wetter gezeichneten Bergstiefeln und ihrer vorgetäuschten Aura der Weltgewandtheit repräsentieren sie überlebensgroß den Inbegriff des europäischen Forschers.

Ihre sonnengebräunte Haut steht in auffälligem Kontrast zu den Bleichgesichtern im Fliegenlabor. Dort spürte ich einen Anflug von Trübsinn, einen gewissen feierlichen Ernst, der womöglich aus dem Wissen resultiert, dass, ganz gleich, wie viel man heute geschafft hat, am nächsten Tag stets noch mehr Arbeit anfallen wird. Das Fliegenlabor mit seinen wärmeregulierten Räumen, die die Vermehrung der Fruchtfliege gewährleisten, mit seiner professionellen Großküche und den Heerscharen pflichtbewusster Mitarbeiter ist letzten Endes eine Fabrik, nur nicht vom Namen her. Unter dem Glanz polierter weißer Oberflächen und teurer Apparate verbirgt sich der Geist der industriellen Baumwollspinnerei.

Auf meinem Nachhauseweg komme ich an dem Gebäude vorbei, in dem ich den größten Teil des Tages verbracht habe. Ganz oben, im fünften Stock, brennt noch Licht, ein Leuchtfeuer der Hingabe in der Dunkelheit.

6

Hilfe für die Alten

Es gibt wenige Dinge im Leben, die ergreifender sind als der Anblick eines älteren Fruchtfliegenmännchens, das versucht, der sexuellen Reputation seiner Jugendzeit gerecht zu werden. Sein Verlangen ist natürlich noch da. Das ist niemals gestillt. Doch sein Körper ist von der unvermeidlichen Wirklichkeit des Alters gezeichnet und nicht mehr für den Job geeignet. Sein forsches, arrogantes Umherstolzieren ist fast verschwunden. Es geht lieber, statt zu fliegen. Und sein Penis, der selbst in den besten Zeiten nie das beeindruckendste Ding an sich war, ist zu einem Bruchteil seiner ursprünglichen Größe geschrumpft. Sosehr es sich auch bemüht, im Alter ist es hoffnungslos schlecht gerüstet für den Rodeoritt, der das Werbeverhalten der Fruchtfliege nun mal ist.

Wir alle sind mit den Demütigungen des Alters vertraut. Morsche Knochen, graues Haar, schlaffe Haut, eine Vorliebe für Bingohallen, Strickjacken und endlose Wiederholungen von «Traumschiff»-Episoden. Und das sind nur einige der Dinge, auf die wir uns freuen müssen, wenn wir uns unerbittlich auf unseren Lebensabend zubewegen.

Konfrontiert mit derart erschreckenden Aussichten, ist es kein Wunder, dass Mittelchen gegen das Altern sich stets großer Beliebtheit erfreuten. Die Suche nach dem Geheimnis ewiger Jugend ist so alt wie die Geschichte der Menschheit. Doch während nie Mangel an vermeintlichen Heilmitteln herrschte, hat bisher kein einziges einen dauerhaften Eindruck hinterlassen. Wenn man bedenkt, dass seit fünftausend Jahren danach gesucht wird, sind zerstampfte Affenhoden, Frischluftdiät und ein Fitness-Video von Jane Fonda eine ziemlich magere Ausbeute.

Selbstverständlich ist auch manch Erfreuliches passiert. Die Fortschritte, die im 20. Jahrhundert in den Bereichen Hygiene und Medizin gemacht wurden, haben dazu geführt, dass viele Menschen heute länger leben als jemals zuvor. Traditionell tödliche Krankheiten wie Ruhr, Cholera, Tuberkulose und Diphtherie sind in den hoch entwickelten Ländern fast völlig verschwunden. In Großbritannien ist die Lebenserwartung auf 76 Jahre gestiegen – eine Zunahme von dreißig Jahren seit der viktorianischen Ära. Dennoch scheint der Gedanke hoffnungslos optimistisch, wir könnten in der Lage sein, das Einsetzen des Alterungsprozesses hinauszuzögern oder die damit einhergehenden körperlichen Symptome zu behandeln und somit die natürlichen Grenzen der menschlichen Lebensspanne zu erweitern.

Wahrscheinlich muss der Mensch noch eine Weile auf die ewige Jugend warten. Bis dahin sollten wir jedoch die Fruchtfliege im Auge behalten. Denn während das Altern beim Menschen so unausweichlich wie eh und je scheint, ist dies bei Fruchtfliegen eine völlig andere Geschichte. Heute leben Laborfliegen länger als jemals zuvor und altern dementsprechend mit mehr Würde. Schon bald könnte das Bild der ältlichen und von Arthritis geplagten Fliege nichts weiter sein als eine wehmütige Erinnerung an vergangene Zeiten. Wer weiß, vielleicht kann uns die Fliege zeigen, wie wir unserer eigenen Sterblichkeit entkommen können. Wo die Hoffnung groß ist, dröhnen die Werbetrommeln am lautesten.

In den späten neunziger Jahren tauchte eine ganz besondere Fliege in Seymour Benzers Labor am California Institute of Technology auf. Allein dem äußeren Anschein nach gab es eigentlich nichts Auffälliges an dieser Fliege. Erst als ein Tag nach dem anderen verstrich, offenbarte sie ihren einzigartigen, besonderen Charakter.

Im Durchschnitt haben Fruchtfliegen eine Lebenserwartung von etwa fünfzig bis sechzig Tagen. Aber exakt nach dieser Zeit zeigte diese mutierte Fliege keine Anzeichen körperlichen Verfalls. Mit jugendlichem Elan und Schwung verhielt sie sich wie eine gerade einmal halb so alte Fliege. Und sie blieb selbst nach hundert Tagen noch topfit. Schließlich fiel sie zwar doch noch dem Alter zum Opfer, aber nicht ohne ihre Laborkameraden deutlich überlebt zu haben.

Die Quelle dieses einzigartigen Merkmals fand man in ihrem Körper. Was diese langlebige Fliege von allen anderen unterschied, war eine Mutation in einem einzelnen Gen. Es wurde nach dem biblischen Patriarchen *methuselah* (Methusalem) benannt, der angeblich 969 Jahre lebte. Sein Fruchtfliegen-Pendant konnte da zwar nicht ganz mithalten, aber eine 35-prozentige Steigerung der durchschnittlichen Lebensspanne war keine schlechte Ausbeute für eine Veränderung in einem einzigen Gen. Ein längeres Leben war nicht der einzige Vorteil der *methuselah*-Fliege. Der Mutant hatte zudem eine die Norm überschreitende robuste Kondition. Wurden die Mutanten einer Vielzahl stressiger Situationen ausgesetzt, kamen sie damit besser zurecht als normale Fliegen. Normale Männchen konnten nicht mehr als fünfzig Stunden ohne Nahrung überleben. *Methuselah*-Männchen hingegen konnten mehr als achtzig Stunden ohne Essen auskommen, was einem Anstieg der Überlebenszeit von mehr als fünfzig Prozent entspricht.

Außerdem waren die mutierten Fliegen toleranter gegenüber

großer Hitze. Höhere Temperaturen beschleunigen die Molekül-
schwingungen in den Zellen. Fügt man zu viel Hitze zu, können
die Moleküle ihre Form sprengen oder sogar auseinander brechen. Sobald Proteinmoleküle anfangen zu zerfallen, ist auch die
Fliege erledigt. Wenn normale Fruchtfliegen bei 36 Grad Celsius
gehalten wurden, überlebten sie etwa zwölf Stunden. Bei derselben Temperatur gelang es den *methuselah*-Mutanten, eindrucks-
volle achtzehn Stunden hinzulegen.

Die Unverwüstlichkeit der Mutanten war allerdings am offen-
sichtlichsten, wenn sie dem Unkrautvertilgungsmittel Paraquat
ausgesetzt wurden. Paraquat tötet Lebewesen, weil es im Zellin-
neren sehr reaktionsfreudige Atome und Moleküle hervorbringt,
die freie Radikale genannt werden. Das sind chemische Vandalen,
die innerhalb kürzester Zeit die Molekularstruktur einer Zelle
oder eines Organismus aufreiben können.

Zwölf Stunden nachdem man ihnen Paraquat verabreicht hatte, ging es den normalen Fliegen eindeutig schlecht, und ihre Bewegungen wurden langsam und lethargisch. Das war kein Wunder, wenn man bedenkt, dass ihre Körper von innen aufgefressen
wurden. Nach achtundvierzig Stunden waren fast neunzig Prozent der normalen Fliegen tot. Doch im *methuselah*-Lager sahen
die Dinge völlig anders aus. Vierundzwanzig Stunden nach ihrer
Paraquat-Mahlzeit waren die Fliegen so munter wie Osterlämmer.
Bald danach ging es dann zwar wirklich mit ihnen bergab, aber
nach achtundvierzig Stunden waren noch mehr als fünfzig Prozent der Fliegen am Leben.

Die *methuselah*-Fliege gewährte einen aufschlussreichen Einblick in die Natur des Alterns und der Langlebigkeit. Erhebliche
Stressfaktoren wie Hungern, übermäßige Hitze und Herbizidga-
ben fügen dem Fruchtfliegenkörper biologische Schäden zu. Der
methuselah-Mutant ließ nun vermuten, dass diejenigen, die diese
Art von Schäden gut abwehren oder reparieren können, auch mit

einem langsameren Alterungsprozess und einer längeren Lebensspanne gesegnet sind.

Der *methuselah*-Mutant ist nur eine von vielen Entdeckungen, die die Fruchtfliege an die vorderste Front der Alterungsforschung katapultiert haben. Zwar muss die Fruchtfliege das Rätsel des Alterns insgesamt noch lösen, aber zumindest hat sie dazu beigetragen, dass in ein paar zuvor außerordentlich trüben theoretischen Gewässern nun die dringend benötigte empirische Klarheit herrscht. Mehr als dreihundert verschiedene Theorien des Alterns sind in all den Jahren formuliert worden, und das Studienfeld des biologischen Alterungsprozesses bleibt übersät mit verworfenen und manchmal widersprüchlichen Vorstellungen. Aber eines scheint jetzt klar zu sein: Es ist höchst unwahrscheinlich, dass das Altern eine einzelne Ursache hat. Aufgrund des Beweismaterials, das man durch die Forschungsarbeit mit der Fruchtfliege gewonnen hat, gibt es wahrscheinlich viele ineinander greifende Faktoren, die zu unserem Untergang beitragen.

Bevor die Fruchtfliege sich in unseren Wohnungen niederließ, war für sie die Wahrscheinlichkeit, die Freuden und Leiden einer alternden Existenz zu führen, äußerst gering. In der freien Natur ist das Risiko, jederzeit zu sterben, so hoch, dass nur wenige Fliegen die Chance haben, alt zu werden. Fressfeinde, Parasiten, Viren, Pilze und krankheitsverursachende Bakterien stehen stets Schlange, um sich einen Happen vom Fruchtfliegenkörper zu sichern.

Das Labor bot eine Zuflucht vor dem ganzen Wahnsinn. Kostenloses Essen, ein warmes Bett für die Nacht und die Abwesenheit von Raubtieren und Parasiten gaben der Fliege die Gelegenheit, ihrem Sexualtrieb ohne Ablenkungen zu folgen und das Leben voll auszukosten. Wer argumentiert, ein Leben in Gefangenschaft sei grausam, sollte wirklich mal die Fruchtfliege selbst befragen. Eine wilde Fruchtfliege kann sich glücklich schätzen, wenn sie zehn Tage nach ihrer Geburt noch am Leben ist. Im Gegensatz dazu bietet ihr das Leben im Labor Dutzende zusätzlicher Tage auf Erden.

Die Lebensdauer einer Fruchtfliege hängt nicht nur vom Einzelwesen ab, sondern auch von der Temperatur. Fruchtfliegen sind «kaltblütig», das heißt, ihre Körpertemperatur schwankt mit der Umgebungstemperatur. Praktisch gesehen bedeutet dies, dass ihr Lebenstempo auf die Launen der Umgebungstemperatur angewiesen ist. Wird es heiß, beschleunigen sich ihre Stoffwechselprozesse, und die Fliegen werden hyperaktiv. Fällt die Temperatur, verlangsamt sich auch der Stoffwechsel, und sie torkeln benommen umher.

1917 fand Jacques Loeb, Thomas Hunt Morgans Freund und einstiger Kollege an der Bryn Mawr University, heraus, dass höhere Temperaturen mit einem kürzeren Fruchtfliegenleben gleichzusetzen waren. Fliegen, die bei 20 Grad Celsius aufgezogen wurden, lebten durchschnittlich vierundfünfzig Tage. Bei 25 Grad war die mittlere Lebensspanne auf neununddreißig Tage verkürzt, und bei dreißig Grad Celsius sank die Lebenserwartung noch einmal auf schnöde einundzwanzig Tage.

Die Beobachtung, dass höhere Temperaturen – und damit auch höhere Stoffwechselraten – eine kürzere Lebenserwartung bedeuteten, führte zur Entwicklung der «rate of living» (Lebensrate- oder auch Herzschlag-Theorie) des Alterns. Hier glich das Leben einem Lied mit einer begrenzten Anzahl von Herzschlägen. Unterschiedliche Lebensspannen waren demnach das Ergebnis verschiedener Interpretationen des Lieds. Während langlebige Tiere die langsame Ballade bevorzugten, gaben sich andere, wie etwa auch die Fruchtfliege, einem schnelleren Technorhythmus hin.

Die Theorie erwies sich als populär. Ihre Vorhersage, dass die relativen Stoffwechselraten verschiedener Spezies ihre relativen Lebensspannen widerspiegelten, schien mit den Daten übereinzustimmen. Fruchtfliegen, Rockstars und sogar warmblütige Tiere passten in den Rahmen der Theorie. Kleine Säugetiere wie Mäuse und Spitzmäuse haben zum Beispiel höhere Stoffwechselraten und leben nicht so lange wie die größeren Säugetiere Mensch oder Elefant.

Aber perfekt war die Theorie nicht. Die Stoffwechselrate ist nicht immer ein verlässlicher Indikator der Lebensspanne, insbesondere bei Vögeln. So hat beispielsweise eine Taube eine viel höhere Stoffwechselrate als eine Ratte, die ein vergleichbar großes Säugetier ist, dennoch lebt die Taube etwa dreißig und die Ratte nur vier Jahre.

Obwohl die Herzschlagtheorie in Ungnade fiel, ist die Verbindung zwischen Altern und Stoffwechsel nicht völlig aus der Welt. Jüngste Vorstellungen über das Altern konzentrieren sich mehr auf Nebenprodukte des Stoffwechsels als auf die reine Stoffwechselrate. Heute nimmt man an, dass gefährliche Nebenprodukte des Sauerstoff-Metabolismus den Alterungsprozess verursachen.

Wir brauchen Sauerstoff zum Überleben. Dieser Sauerstoff stammt natürlich aus der Atmosphäre. Innerhalb weniger Sekunden, nachdem wir Luft in unsere Lungen eingeatmet haben, hat sich der Sauerstoff über den Blutkreislauf verteilt und ist in die Milliarden von Zellen gelangt, die unseren Körper ausmachen. So wie Sauerstoff gebraucht wird, um Treibstoff zu verbrennen und Hitze zu produzieren, benötigen die Zellen unseres Körpers Sauerstoff, der unsere Nahrung «verbrennt», um Energie zu erzeugen.

Diese Verbrennung findet im Inneren der Zellen in spezialisierten Abteilungen statt, die Mitochondrien genannt werden. Dabei wird mit Hilfe einer extrem komplizierten Kette chemischer Reaktionen Energie auf der Innenoberfläche der Mitochondrien gewonnen. Die Aufgabe des Sauerstoffs bei der ganzen Sache ist es, die freien Elektronen, die am Ende der Kette abfallen, aufzumischen. Im Interesse von Gesundheit und Sicherheit ist es wichtig, dass jedes Sauerstoffmolekül vier Elektronen aufnimmt. Nimmt es nur ein einziges Elektron auf, verwandelt sich der Sauerstoff in einen höchst unstabilen molekularen Halbstarken – ein freies Radikal. In diesem Stadium hat der Sauerstoff das Potenzial, enorme Schäden anzurichten. Freie Radikale versuchen stets, bei jedem Molekül, dem sie begegnen, eine Reaktion zu provozieren. Sie denken immer nur an das Eine – an Elektronen – und hören erst dann auf, wenn ihr Bedarf an Elektronen gedeckt ist.

Wenn die Bildung freier Radikale außer Kontrolle gerät, beginnt das Spiel mit dem Feuer. Selbstverständlich versucht eine Zelle, das Feuer zu meiden. Die in den Zellen vor sich gehende Verbrennung ist eine viel geruhsamere und kontrolliertere Angelegenheit als die Art von Feuer in Ihrem Kamin. Zellen unternehmen jede Anstrengung, um von vornherein jegliche Bildung freier Radikale zu verhindern. In den Mitochondrien hält ein Enzym den Sauerstoff in einer molekularen Zwangsjacke gefangen und lässt ihn erst frei, wenn er vier Elektronen aufgenommen hat. So lautet zumindest die Theorie. In der Praxis schaffen es immer zwei bis drei Prozent der Sauerstoffmoleküle, sich freizukämpfen.

Sind sie einmal losgelassen, randalieren die freien Radikale in der Zelle wie Hooligans. Proteine, DNA und Lipide heißen nur einige der Moleküle, deren chemische und physische Erscheinungen durch die unerwünschte Aufmerksamkeit eines freien Radikals umstrukturiert werden können. Allein die DNA ist täglich potenziell etwa zehntausend molekularen Kinnhaken ausgesetzt.

Zum Glück sind Zellen nicht wehrlos gegen freie Radikale. Sie besitzen ein ganzes Magazin an Enzymen, deren Funktion es ist, molekulare Kratzer und Beulen zu kompensieren. So bilden beispielsweise antioxidantische Enzyme wie Superoxid-Dismutase und Katalase eine molekulare Polizeitruppe gegen die freien Radikale. Diese Enzyme geben dem Begriff «Festnahme ohne Anklage» einen völlig neuen Sinn. Ihre Aufgabe ist es, die freien Radikale abzufangen und zu neutralisieren, noch bevor sie Ärger machen können.

Viele Antioxidantien sind «hausgemacht», sie können aber auch im Rahmen einer ausgeglichenen Diät eingenommen werden. So sind beispielsweise die Vitamine C und E wohl bekannte Antioxidantien. Vitamin E kommt in Nüssen und frischem Gemüse vor und schützt insbesondere die Moleküle, aus denen die hauchzarten Zellmembranen bestehen, vor den freien Radikalen.

Wie wertvoll antioxidantische Enzyme für einen Organismus wirklich sind, wurde in den frühen neunziger Jahren bewiesen, als Fruchtfliegen gentechnisch mit zusätzlichen Genen für Katalase und Superoxid-Dismutase ausgestattet wurden. Diese hinzugefügten Gene stärkten nicht nur die körperliche Fitness der Fliegen, sondern erhöhten auch ihre Lebensspanne. Die genmanipulierten Fliegen lebten etwa dreißig Prozent länger als eine Kontrollgruppe von Fliegen, die keine zusätzlichen Exemplare der antioxidantischen Gene erhalten hatten. Darüber hinaus zeigten die Proteine der gentechnisch veränderten Fliegen wesentlich weniger Spuren von Verschleiß als die aus der Kontrollgruppe. Das Experiment erbrachte den zwingenden Beweis, dass die freien Radikale zumindest teilweise am Altern schuld sind. Aber es zeigte auch, dass antioxidantische Enzyme hochwirksame Gegenmittel gegen die körperlichen Symptome des Alterns darstellen können.

Die Fruchtfliege hat dazu beigetragen, ein rosiges Bild der antioxidantischen Enzyme zu malen, daher ist es kein Wunder, dass Antioxidantien zu einem begehrten Bestandteil der Ernährung gesundheitsbewusster Menschen geworden sind. Aber obwohl Antioxidantien als Ernährungsergänzung erwiesenermaßen die Lebensspanne von Fruchtfliegen verlängert haben, sind ihre Auswirkungen beim Menschen nicht ganz eindeutig. Eine Prise Antioxidantien auf Ihren Frühstücksflocken scheint keine Garantie für ein längeres Leben zu sein, obwohl die Gründe dafür noch nicht ganz geklärt sind. Vielleicht wird durch die Einnahme nur eines oder weniger Enzyme das Gleichgewicht eines weitaus komplexeren und interaktiven Enzymsystems gestört. Oder aber die Antioxidantien lösen sich in den Eingeweiden auf, bevor sie eine Chance haben, in Zellen einzudringen und ihre Arbeit zu verrichten. Welche Erklärung man auch bevorzugt, noch scheint sich keine schnelle Lösung anzubahnen.

Sauerstoff ist nicht die einzige Quelle für die Bildung freier Radikale in den Zellen. Ultraviolettes Licht und andere Strahlungsformen, die Gifte im Tabakrauch, Dutzende von Umweltverschmutzern, Herbizide und Hitze können die Produktion dieser molekularen Rabauken auslösen. Freie Radikale gehören nun mal zum Leben dazu. Jede Zelle produziert täglich Millionen davon.

Offenbar bedeutet die Tatsache des Alterns, dass das Sortiment von Enzymen als Verteidigungssystem der Zelle zwar gut, aber eben nicht perfekt funktioniert. Freie Radikale können mitten ins Schwarze treffen und sich so bemerkbar machen, aber der in der DNA angerichtete Schaden könnte auch unbemerkt bleiben oder nicht ausreichend repariert werden.

Für sich genommen ist es unwahrscheinlich, dass ein klein wenig molekularer Vandalismus hier und da eine ernsthafte Bedrohung für das Wohlergehen der Zelle darstellen sollte. Doch zählt man all die kleinen Gewaltakte über Tage, Monate und Jahre zusammen, dann entwickeln sie sich zu einer ernsthafteren Gefahr. Die molekularen Bausteine und Bindemittel der Zelle fangen an zu verwittern und sich aufzulösen. Die Kommunikationskanäle,

die innerhalb und zwischen den Zellen existieren, verlanden allmählich, und die Korrosion der biochemischen Maschinerie bewirkt den langsamen Niedergang der Energieproduktion.

Und wenn das nicht schon düster genug sein sollte, dann kann
man sich ja immer noch auf Krebs freuen. Die allmähliche Anhäufung der von den freien Radikalen verursachten Schäden liefert eine Erklärung dafür, warum eine Krankheit wie Krebs nur
eine von vielen Visitenkarten des Alters ist. Krebsarten werden
durch Mutationen in Genen ausgelöst, die das Wachstum und die
Teilung der Zellen regulieren. Je länger das Leben dauert, desto
größer sind die Chancen, dass eines dieser Gene getroffen und be-
schädigt wird. Wenn diese Gene mutieren, können Zellen jedes
Gefühl für Selbstkontrolle verlieren und zu einem Tumor heran-
wuchern.

Die Reparaturenzyme sind dazu da, um gegen diese Form von
Missgeschick vorzubeugen. So defilieren beispielsweise DNA-
«Korrekturenzyme» an der Doppelhelix vorbei, um chemische
Defekte in der DNA zu suchen und zu reparieren. Aber die für die
Zellverteidigungsenzyme verantwortlichen Gene sind selbst anfäl-
lig für Schädigungen. Sind erst einmal die Verteidigungsmechanis-
men der Zelle gestört, gibt es kaum noch etwas, das die molekulare
Gewalttätigkeit davon abhalten kann, außer Kontrolle zu geraten.

Krebs ist nicht das einzige Altersleiden, bei dem freie Radikale
eine herausragende Rolle spielen. Neurodegenerative Zustände
wie etwa die parkinsonsche und die Alzheimer-Krankheit sind
ebenfalls mit der Schädigung durch freie Radikale in Verbindung
gebracht worden. Die Zellen, aus denen Gehirn und Nervensystem
bestehen, sind besonders verwundbar, weil in ihrem Stoffwechsel
wesentlich mehr Sauerstoff umgesetzt wird als in der Durch-
schnittszelle.

In der Tat: Obwohl alle Zellen anfällig sind für Schädigungen
durch freie Radikale, lassen die gentechnischen Experimente mit

der Fruchtfliege erkennen, dass es die Schäden (durch freie Radikale) in den Zellen des Nervensystems sind, die die größte Auswirkung auf die Lebensspanne haben. Fliegen, die mit einem zusätzlichen antioxidantischen Gen ausgestattet wurden, das lediglich im Gehirn und im Nervensystem angeschaltet wird, leben genauso lange wie Fliegen, bei denen dieses hinzugefügte Gen im ganzen Körper funktioniert.

Nervenzellen können also der Knackpunkt sein, wenn es um die Wirkungen der durch freie Radikale verursachten Schädigungen geht. Aber zu einem langen Leben gehört mehr, als die gewalttätigen Tendenzen freier Radikale zu unterdrücken. Wenn Sie Ihre Zeit auf Erden verlängern wollen, sollten Sie sich auch damit vertraut machen, was Hitze in Ihren Zellen anrichten kann.

Durch Hitze kann die Produktion freier Radikale angekurbelt werden, was wiederum den Zellen Verletzungen zufügt. Aber Hitze kann auch die Moleküle direkt schädigen. Glücklicherweise sind Zellen nicht ganz wehrlos gegen eine gelegentliche Hitzewelle. Sie können sich auf eine Heerschar von Hitzeschock-Proteinen verlassen – so genannt, weil sie von hohen Temperaturen aktiviert werden –, die von der Hitze deformierte und entstellte Moleküle wieder zusammenflicken und ersetzen.

Um zu unterstreichen, wie wichtig diese Proteine für ein längeres Leben sein können, nehmen wir zwei Gruppen von Fruchtfliegen. Einer Gruppe fügen wir gentechnisch zusätzliche Gene für ein Hitzeschock-Protein hinzu. Die andere Gruppe lassen wir so, wie sie ist. Dann deponieren wir beide Gruppen an einem heißen und stickigen Ort und beobachten sie täglich. Wir müssten nun eigentlich feststellen, dass sich die genetisch modifizierten Fliegen gesellig verhalten und die Sonne genießen, während die nicht veränderte Kontrollgruppe «wie die Fliegen» sterben. Die Botschaft scheint eindeutig zu sein. Wenn wir keine Hitze vertragen, sollten wir uns mehr Hitzeschock-Proteine besorgen.

Offensichtlich gibt es mehr als einen Weg zu einem längeren Leben. So könnten Sie vielleicht Ihre Antioxidantien in Schwung bringen oder eine zusätzliche Dosis Hitzeschock-Proteine einnehmen. Und es wäre nie verkehrt, den Zustand Ihrer DNA-Reparaturenzyme im Blick zu behalten. Aber warum nicht gleich das volle Programm abonnieren und die gesamte Verteidigungsstrategie verstärken? Schließlich ist es genau das, was die *methuselah*-Fliege getan zu haben scheint.

Der *methuselah*-Mutant hat eine erhöhte Widerstandskraft gegen eine große Bandbreite umweltbedingter Stressfaktoren. Eine Veränderung in einem einzelnen Gen hat ihn dazu befähigt, angesichts von Hitze, Hunger und Herbiziden, die freie Radikale bilden, nicht die Contenance zu verlieren. Niemand weiß mit Sicherheit, wie das Proteinprodukt dieses Gens seine magischen Kräfte benutzt. Das Protein scheint in der Zellmembran zu sitzen, von wo aus es vermutlich die allgemeine Verteidigungsstrategie beaufsichtigt und lenkt. Es ist womöglich deshalb so wirksam, weil es schnell und leistungsfähig eine molekulare Antwort auf jegliche Form von Stresssituationen gibt.

Der *methuselah*-Mutant scheint ein interessantes biologisches Paradoxon darzustellen. Wenn eine Mutation die neue Version eines Proteins hervorbringt, das die Fruchtfliege in die Lage versetzt, Stress zu bewältigen und länger zu leben, warum ist dann dieser Mutant nicht schon längst von der Evolution «entdeckt» worden? Wenn die Mutation einen derart entscheidenden Vorteil verleiht, warum ist dann der *methuselah*-Mutant in den natürlichen Fliegenpopulationen nicht bereits weit verbreitet?

Es gibt zwei Antworten auf dieses Rätsel. Zunächst einmal ist es möglich, dass ein *methuselah*-Mutant noch nie in einer wilden

Fliegenpopulation ausgebrütet wurde. Und selbst wenn ein Mutant aufgetaucht wäre, müsste er nicht automatisch einen Vorteil im Überlebenskampf haben. Sie müssen sich einfach nur die enormen Unterschiede in der durchschnittlichen Lebensspanne verschiedener Pflanzen- und Tierspezies ansehen, um zu verstehen, dass ein langes Leben nicht von vornherein einen Vorteil darstellt. Was für Menschen wünschenswert erscheint, muss im evolutionären Sinn nicht unbedingt für Fliegen gelten.

Doch wenn das Altern einfach nur die Anhäufung molekularer Schädigungen ist, warum haben dann verschiedene Pflanzen- und Tierspezies derart unterschiedliche Lebensspannen? Warum können wir älter als fünfundsiebzig Jahre werden, während die Fruchtfliege sich glücklich schätzen kann, ein paar Wochen zu überleben? Schließlich atmen wir die gleiche Luft.

Obwohl die Dinge, von außen betrachtet, gleich zu sein scheinen, genügt es, nach innen zu schauen, und man beginnt, ein paar alarmierende Ungleichheiten zu erkennen. Alle Tiere und Pflanzen haben Reparaturmechanismen, die molekulare Schäden in den Zellen wieder wettmachen können. Aber die Qualität des Serviceangebots variiert enorm unter den Spezies. So haben beispielsweise Menschen ein sehr leistungsfähiges Reparatursystem, das die meisten auftauchenden Probleme ausfindig machen kann. Bei Mäusen taugt das System nicht so viel. Dennoch ist es gut genug, um ein oder zwei Jahre am Leben zu bleiben. Fruchtfliegen scheinen jedoch weniger gut abzuschneiden. Wenn man sich den Reparaturmechanismus als Werkzeugkiste vorstellt, dann scheint die Evolution der Fruchtfliege ein Sortiment Plastikschraubenschlüssel aus einer billigen Wundertüte mitgegeben zu haben. Obwohl sie nützlich sein können, sind sie eindeutig nicht zu langfristigem Gebrauch geeignet.

Aber Unterschiede in der Kompetenz von Reparaturdiensten und Lebensspannen sind nur eine Teilantwort auf die Frage, warum verschiedene Spezies unterschiedliche Lebensspannen haben, denn noch immer ist unsere Frage nicht beantwortet, warum die Fliegen erstens einen derart niedrigen Service-Standard haben und zweitens mit dieser schlechten Qualität zurechtkommen müssen, während wir die VIP-Behandlung mit allen Schikanen bekommen.

Einer weit verbreiteten Vorstellung zufolge könnten die Unterschiede bei Reparaturservice und Lebensspanne die verschiedenen evolutionären Lösungen für das Problem eines begrenzten Energiebudgets widerspiegeln. Alle Lebewesen haben Grenzen, was den Gesamtenergiebetrag betrifft, den sie produzieren können. Ein Teil dieser Energie muss für die Fortpflanzung aufgewendet werden, der Rest zur elementaren Aufrechterhaltung des Körpers. Wie das Energiebudget einer Spezies aufgeteilt ist, scheint von ihrem Risiko eines versehentlichen Todes abzuhängen – der Wahrscheinlichkeit, von einem Raubtier gefressen zu werden, einer Krankheit zu erliegen, unter einer Fußsohle zerquetscht zu werden, vor einen Bus zu laufen, von einer Klippe zu stürzen oder irgendein anderes, tödlich endendes Missgeschick zu erleiden.

Wenn Sie beispielsweise zu der Spezies gehören, die mit schöner Regelmäßigkeit in der Speiseröhre hungriger Raubtiere verschwindet, würde es, vom evolutionären Standpunkt aus betrachtet, wenig Sinn machen, allzu viel Energie in die Erhaltung des eigenen Körpers zu investieren. Es bleiben einfach zu wenige Exemplare lange genug am Leben, um davon profitieren zu können. Unter diesen Umständen wäre es angebrachter, der Fruchtfliege nachzueifern, nämlich den größten Teil des Energiebudgets für die Fortpflanzung bereitzustellen und gleich nach der Geburt draufloszuvögeln. Der Nachteil dabei ist, dass nur wenig Energie für die elementare Lebenserhaltung übrig bleibt und man folglich sehr schnell altert.

Wäre man im Gegensatz dazu ein Tier, das sich vor der Außenwelt nur sehr wenig fürchten müsste, wie etwa ein Mensch, ein Elefant oder eine Schildkröte, ist schnelles Altern nicht länger sinnvoll. In diesem Fall wäre es aus evolutionärer Sicht besser, mehr Energie in die elementare Lebenserhaltung zu investieren. Man pflanzte sich langsamer fort, lebte aber dafür umso länger.

Wenn Sie allerdings wirklich lange leben wollen, sieht es so aus, als müssten Sie den Sex ganz aufgeben. Asexuelle Spezies wie Seeanemonen zeigen überhaupt keine sichtbaren Anzeichen des Alterns und scheinen in der Lage zu sein, unendlich lange zu leben. Auf ähnliche Weise deuten historische Aufzeichnungen darauf hin, dass viele Baumarten das Potenzial für Unsterblichkeit haben.

In gewisser Hinsicht sind auch wir unsterblich. Schließlich erhalten unsere Spermien und Eier den Familienstammbaum aufrecht. Das Problem dabei ist aber, dass der Teil von uns, an dem wir am meisten hängen, nämlich unser Körper, nicht daran beteiligt ist. Offenbar sind Körper für uns als Einzelwesen von enormem Wert, vom evolutionären Standpunkt hingegen ist der Körper eines sexuellen Organismus lediglich der Hausmeister für die Geschlechtszellen – für Spermium und Ei. Die Aufgabe des Körpers besteht darin, ein Individuum lange genug am Leben zu erhalten, um sich fortpflanzen zu können. Danach können die Körperzellen Mutationen anhäufen und altern, weil sie die von ihnen verlangte Arbeit getan haben. Anders ausgedrückt: Als die Evolution uns zu sexuellen Wesen machte, stellte sie auch unsere Körper zur Disposition.

In asexuellen Spezies gibt es keine Unterschiede zwischen Geschlechtszellen und Körperzellen. Alle Zellen eines asexuellen Organismus sind effektiv gleichwertig. Fortpflanzung ist eine extrem langweilige Angelegenheit, wobei sich einzelne Zellen oder Zellgruppen vom Hauptkörper des Organismus lösen, um Klone des «Elter» zu bilden – identische genetische Kopien. Es mag zwar langweilig sein, aber mit keinem zur Disposition stehenden separaten Körper ist der damit verbundene Vorteil ein langes und potenziell unsterbliches Leben.

Falls asexuelles Leben der Schlüssel zu einer alterslosen Existenz ist, sind wir vielleicht nicht so weit von der Unsterblichkeit entfernt, wie wir denken. Wenn ich «wir» sage, beziehe ich mich natürlich nur auf die weibliche Hälfte der Bevölkerung. Im Grunde spielen Männer in der asexuellen Gleichung keine Rolle.

Das Schaf Dolly hat uns gelehrt, dass Frauen womöglich schon morgen asexuell sein können. Dazu bedürfte es eigentlich nur einer etwas hochfrisierten Technik und einer verständnisvolleren Regierung. Dann könnten Sie eine Zelle aus jedem beliebigen Körperteil nehmen, die DNA rauszocken, sie in eine Ihrer leeren Eizellen tun (aus der die DNA entfernt wurde) und das Ei zurück in Ihren Bauch verfrachten. Vorausgesetzt, nichts ginge schief, käme neun Monate später ein schreiender, strampelnder Babyklon von Ihnen zur Welt.

Doch so verlockend die Idee auch erscheinen mag, ist es dennoch unwahrscheinlich, dass dieses utopische Projekt auch nur die geringste Auswirkung auf das Altern haben würde. Auch ohne Männer blieben Frauen, rein biologisch betrachtet, sexuelle Organismen. Um echte Asexualität zu entwickeln, wie etwa im Sinne der Seeanemone, müssten Frauen völlig auf Eier verzichten. Auch ihre Geschlechtsorgane, Brüste, Lippen, Hüften und all die Merkmale, die für ein asexuelles Leben entbehrlich sind, müssten sie aufgeben. Dieser evolutionäre Wandel würde aber nicht über Nacht geschehen. Um eine sexuelle Population in eine asexuelle zu verwandeln, könnten Tausende von Generationen selektiver Züchtung nötig sein. Trotzdem, die verlockende Aussicht, sich einen Arm auszureißen und zuzusehen, wie er sich in eine identische Kopie von einem selbst verwandelt, könnte das Warten lohnenswert erscheinen lassen.

Sich klonen zu lassen, geht für den Geschmack der meisten Leute vielleicht zu weit. Und vor allem, wären Sie denn bereit, den Sex für ewiges Leben aufzugeben? Wir reden hier nicht nur vom Verzicht auf verschiedenste sexuelle Handlungen. Selektive Fortpflanzung mit dem Ziel der Asexualität bedeutet, dass die erogenen Zonen überfrieren würden wie die Polkappen. Das Leben wäre dann fürwahr sehr lang. Aber es wäre auch extrem langweilig.

Wie wär's dann also damit, die sexuelle Reproduktion nicht völlig aufzugeben, sondern nur ein bisschen aufzuschieben? Selektive Fortpflanzungsexperimente mit Fruchtfliegen haben gezeigt, dass beim Hinauszögern des Fortpflanzungsalters bei Fliegen sich deren Nachkommen innerhalb weniger Generationen eines längeren und gesünderen Lebens erfreuen.

Sucht man ältere Fliegen als elterliche Basis für die nächste Generation aus, wählt man eigentlich die Fähigkeit aus, bis ins hohe Alter hinein fruchtbar zu sein. Mit anderen Worten: Entscheidet man sich für hinausgezögerte Fortpflanzung, ist das gleichbedeutend mit der Option für langsameres Altern. Es funktioniert mit Gewissheit bei Fruchtfliegen, und es könnte auch bei uns Menschen klappen. Es gibt Beweismaterial, dass bei Frauen hohes Alter an eine hinausgezögerte Menopause gekoppelt ist. Frauen, die noch ihren hundertsten Geburtstag feiern können, bleiben überdurchschnittlich länger fruchtbar.

Längeres Leben bei selektiv gezüchteten Fliegen bringt auch andere Vorteile mit sich. Die Fliegen haben nicht nur größere Widerstandskräfte gegenüber einer gewissen Bandbreite umweltbedingter Stressfaktoren, sondern sind auch athletischer. Kommt es zu ausdauerndem Gehen und Fliegen, können sie ohne Schwierigkeiten die Leistungen normaler Fliegen im selben Alter überbieten.

Aber diese Vorteile haben auch ihre Kosten. Die andere Seite der Medaille eines längeren und gesünderen Lebens ist eine geringere Fruchtbarkeit in der Jugend. Die langlebigen Fliegen scheinen ein neues Energiebudget zu entwickeln und investieren mehr in den Erhalt des Körpers zuungunsten der Fortpflanzung. Hier gibt es Hinweise, dass sich dies auch bei Menschen entsprechend auswirken könnte. Historische Aufzeichnungen von Daten aus der englischen Aristokratie belegen, dass langlebigere Frauen im Allgemeinen weniger fruchtbar waren.

Man kann sich den Nutzen hinausgezögerter Reproduktion nicht nur in Bezug auf Energiebudgets vorstellen, sondern sollte dabei auch an Gene, genetische Profile und die sich ändernden Muster der natürlichen Selektion denken. Gene bestehen in Populationen fort, weil sie Meisterschaft darin erlangt haben, von einer Generation zur nächsten weitergegeben zu werden. Sie tun dies allerdings nicht, damit Menschen glücklich bis in ihr hohes Alter hinein leben können. Sobald sich ein Individuum fortgepflanzt hat, zeigen seine Gene weder an sich selbst noch an ihrem Besitzer irgendein Interesse mehr.

Die natürliche Auslese sorgt dafür, dass Gene, die die Überlebenschancen eines Individuums reduzieren, sich nur schwer in Populationen durchsetzen. Aber die Intensität der natürlichen Selektion hängt von dem Alter ab, in dem die Gene ihre Wirkungen zeigen. In der Zeit vor der Fortpflanzungsfähigkeit ist die Selektion beispielsweise wild entschlossen, defekte Gene auszusortieren. Sobald sich aber ein Individuum fortgepflanzt hat, ist diese Art der Selektion ein mehr oder weniger unnötiger Aufwand. Deshalb setzen sich Gene, die in den Jahren nach der Fortpflanzung schädliche Effekte haben, in einer Population durch.

Diese reproduktive Unterscheidung kann man durch zwei genetische Störungen beim Menschen illustrieren: Progerie und die Huntington-Krankheit. Beide sind verheerende, todbringende Krankheiten. Die Progerie verursacht vorzeitiges Altern in der

Kindheit, sodass der Tod zumeist in den Teenagerjahren eintritt. Die Huntington-Krankheit, eine neurodegenerative Störung, zeigt ihre Auswirkungen erst spät in den mittleren Jahren.

Die Progerie tritt extrem selten auf, weil Individuen, die dieses Gen haben, normalerweise sterben, bevor sie die Gelegenheit haben, es an die nächste Generation weiterzugeben. Im Gegensatz dazu ist die Huntington-Krankheit relativ häufig anzutreffen. Menschen, die an ihr erkranken, sind normalerweise jenseits des reproduktiven Alters. Das heißt, das Gen hat bereits seinen Weg in die nächste Generation gefunden.

Das Gen für die Huntington-Krankheit stellt ein Extrembeispiel für ein spät zum Zuge kommendes schädliches Gen dar. Aber es sind höchstwahrscheinlich etliche Gene in menschlichen Populationen vorhanden, die viel sanftere Wirkungen haben. Sie könnten in Kindheit und Jugend sogar nützlich sein, aber später dann bösartig werden und zu dem körperlichen Verfall beitragen, der mit dem Altern in Verbindung gebracht wird.

Ob Gene nun ernsthaft oder nur mild schädigende Effekte haben, ist im Prinzip gleichgültig. Solange diese Gene ihre Wirkungen nach der Fortpflanzung zeigen, werden sie von der natürlichen Selektion nicht aussortiert. Zögert man nun aber das Reproduktionsalter hinaus, verlängert man auch die Periode, in der die intensive natürliche Selektion zur Geltung kommt. All diese ärgerlichen, schädigenden Gene, die so lange unter Verschluss waren, sind nun der erbarmungslosen Hand der natürlichen Selektion ausgesetzt, was ein längeres und gesünderes Leben zur Folge hat.

Wenn Fruchtfliegen von der hinausgezögerten Fortpflanzung profitieren, warum sollten dann nicht auch Menschen einen Vorteil davon haben? Theoretisch gibt es keinen Grund, warum nicht auch Menschen die Früchte verspäteter Fortpflanzung ernten sollten. Bedenken Sie aber, dass dies ein langfristiges evolutionäres

Projekt ist. Hinausgezögerte Reproduktion hat keine unmittelbare Auswirkung auf die Lebensdauer eines Individuums. Es wäre ein ungeheures soziales, gentechnisches und Generationen übergreifendes Experiment, das die Zusammenarbeit und Teilnahme ganzer Populationen in Anspruch nähme. In jeder Generation läge die Fortpflanzung allein in den Händen der fruchtbaren Alten. Jeder Twen, der heiraten, sich niederlassen und eine Familie gründen wollte, würde daran gehindert werden. Können Sie sich vorstellen, wie schwierig es für die Polizei wäre, das durchzusetzen? Und all das geschähe nicht zum Nutzen der gegenwärtig «amtierenden» Generation, sondern für Generationen einer fernen Zukunft.

Vielleicht ist also der generelle Verzicht auf den Geschlechtsverkehr die beste Strategie für ein längeres Leben. Wie die Fruchtfliege gezeigt hat, kann sich das Zölibat vorteilhaft auf Ihre Lebensspanne auswirken. Fruchtfliegen, denen die Gelegenheit zum Kontakt mit dem anderen Geschlecht verwehrt wird, leben länger als diejenigen, die in Umgebungen zu Hause sind, wo beide Geschlechter leben. Bedauerlicherweise gibt es jedoch wenig Beweise dafür, dass dieselben drastischen Maßnahmen auch bei Menschen funktionieren würden. Männer und Frauen, die kinderlos bleiben, leben deshalb nicht länger, und genauso wenig gilt das für Mönche und Nonnen, die freiwillig ein zölibatäres Leben auf sich nehmen.

Ob mit oder ohne Sex: es gibt jede Menge anderer interessanter Wege. Statt sexuell abstinent zu leben, wären wir vielleicht mit weniger Essen besser bedient. Schließlich kann eine gemäßigte Diät bei Fruchtfliegen und vielen anderen Tieren die Lebenserwartung um ein Drittel erhöhen.

Eine eingeschränkte Diät bedeutet nicht Unterernährung. Eine solche Schonkost enthält die richtigen Vitamine und Mineralien, nur dass ihr Energiewert die Norm unterschreitet. Mit Sicherheit hat diese Art von Energiebegrenzung einen Unterschied im Leben der Menschen auf der japanischen Insel Okinawa bewirkt. Die Einwohner von Okinawa verbrauchen ungefähr zwanzig Prozent weniger Kalorien als die auf dem japanischen Festland lebenden Menschen. Auf jede Million Einwohner auf Okinawa kommen 185 Menschen, die ein Alter von hundert Jahren und mehr erreichen. Damit hat Okinawa den höchsten Anteil Hundertjähriger auf der Welt.

Man weiß nicht, wie die gemäßigte Ernährung die Lebensspanne verlängern kann. Man ist noch nicht einmal sicher, ob die Langlebigkeit auf Okinawa das Ergebnis einer reduzierten Energiezufuhr ist oder auf anderen Besonderheiten der Diät beruht. Die Menschen auf Okinawa ernähren sich, wie alle Japaner, von reichlich Fischöl, Sojaprodukten und Gemüse – Nahrungsmittel, die nachweislich eine gesundheitsfördernde Wirkung haben. Vielleicht ist das auch der Grund, warum die Japaner eine Lebenserwartung von achtzig Jahren haben – die höchste von allen Bevölkerungen auf der Welt.

Das Studium der Alterungsprozesse ist noch in den Anfängen, sodass das menschliche Altern weiterhin ein Geheimnis bleibt. Zumindest aber hat die Fruchtfliege zur Identifizierung biologischer Bereiche beigetragen, die es wert sind, noch einmal genauer untersucht zu werden. Natürlich spielt nicht allein die Fruchtfliege eine Rolle als Prophet der Wissenschaft; es gibt Dutzende Anwärter auf den Thron des Methusalem. Ratten, Mäuse, Affen und Nematodenwürmer, um nur einige zu nennen, halten es mit extrem eintöniger Kost, aufgezwungenem Zölibat und einem ganzen Rattenschwanz weiterer Entbehrungen aus – alles im Dienste des menschlichen Strebens nach einem längeren Leben.

Auch wenn ein Heilmittel noch in weiter Ferne liegt, so legt doch das Überangebot an neuen Theorien zum Alterungsprozess nahe, dass leidenschaftlicher denn je nach dem Geheimnis der ewigen Jugend geforscht wird. Ich persönlich kann mir jedoch nichts Schrecklicheres vorstellen als ein Heilmittel gegen das Altern. Können Sie sich das vorstellen? Die ewigen Wiederholungen im Fernsehen, immer das Gleiche.

Alt zu werden hat stets unausweichlich zum Leben dazugehört. Die Frage ist, ob Sie das ändern wollen.

7

Ein heißer Fleck auf Hawaii

Der Jumbojet traf seine letzten ungeschickten Vorbereitungen für das Landemanöver. Wieder und wieder wählte er erst den einen, dann den anderen Weg, wobei er ständig seinen Kurs korrigierte und sich auf eine stecknadelgroße Rollbahn dreitausend Meter unter uns ausrichtete. Im rasenden Sinkflug verschluckten die Maschinen des Fliegers große Teile des Himmels und ließen Tausende von Insekten, die hoch auf den turbulenten Aufwinden segelten, als schlabberigen Konfettiregen zurück.

Die Erschütterung eines Rückstoßes riss mich kurzzeitig aus dem Schlummer. Einen Augenblick lang saß ich verblüfft in meinem Sitz, während mein Geist die Landenge erforschte, die die Zwillingskontinente von Schlafen und Wachen miteinander verbindet – ein Ort, wo die zuckerwatteweiche Welt der Träume mit der knallharten Realität eines voll konzentrierten Bewusstseins verschmilzt.

Als ich aus dem Fenster starrte, blieben meine glasigen Augen auf den beiden unter der schwankenden Tragfläche angebrachten Motoren hängen. Plötzlich überkam mich ein unangenehmes Gefühl. Ich war mir sicher, sie würden jeden Moment abfallen. Wie ein Wahnsinniger fing ich an, zu meiner Beruhigung die Nieten zu zählen. Panik setzte ein, als ich ein Nietenloch ohne Niete ausmachte. War dies eine absichtliche Veränderung, die im Zeichenbüro eines Ingenieurs geplant und diskutiert worden war? Oder war die fehlende Niete ein Versehen, ein Irrtum, ein Zeugnis menschlichen Versagens? Selbst den Leuten, die Nieten an die Tragflächen eines Flugzeugs schweißen, unterläuft gelegentlich ein Fehler. Ein Kater, eine in die Brüche gegangene Liebe, ein Trauerfall in der Familie, all dies konnte einen normal Sterblichen dazu veranlassen, eine Niete zu übersehen. Mit festem Boden unter den Füßen konnte man Verständnis für eine fehlende Niete aufbringen. Hier aber saß ich in einer Sardinenbüchse und hing im wahrsten Sinne des Wortes in der Luft. Deshalb kam so etwas wie Vergebung überhaupt nicht infrage. Ein freundlicherweise serviertes Frühstücksgebäck brachte mich zurück auf den Boden der Tatsachen. Die Gedanken an die Nieten verschwanden, da ich all meine Kräfte dem Kauen und Hinunterschlucken des zementartigen Kuchens widmen musste. Als ich das nächste Mal aus dem Fenster schaute, fühlte ich ein warmes Glühen, da ich eine perfekte Aussicht auf die einzigartige Landschaft von Hawaii genießen konnte. Die Gipfel brodelnder Vulkane ragten über der Insel empor, und ihr Werk lag offen da vor dem Auge des Betrachters. Ein großer Teil der Landoberfläche war von einem dichten Teppich aus Bimsstein bedeckt, dennoch wucherte in den Gegenden, wo die Lava nicht hingekrochen war, stellenweise wie zum Trotz üppiger tropischer Regenwald. Es war eine atemberaubende, hingetupfte Landschaft, wo Leben und Tod dicht beieinander liegen. Erst als das Flugzeug tiefer sank, löste sich diese Vermischung der Gegensätze auf, da die Wolkenkratzer von Honolulu das Herannahen eines vertrauteren und prosaischeren Lebensraums ankündigten.

Hawaii ist ein ganz besonderer Ort. Aber nicht aufgrund der Dinge, die man in den Touristenbroschüren zu lesen bekommt. Vergessen Sie den feinen gelben Sand, den tiefblauen Himmel und die weltberühmte Brandung. Vergessen Sie die Grasröckchen und die Girlanden aus frisch geschnittenen Blumen. Dasselbe gilt auch für Elvis, die grellbunten Hemden und die Fernsehserie *Hawaii 5-0*. Und denken Sie nicht an die schmelzende Musik, die im Rhythmus der hochschlagenden Wellen schwingt. Das alles sollten Sie vergessen. Die wirkliche Attraktion sind die Tiere, die in Hawaiis schizophrener Landschaft leben. Die acht Inseln von Hawaii sind die Heimat von mindestens 22 000 Tier- und Pflanzenspezies, wovon man fast die Hälfte nirgendwo anders auf Erden findet. Eintausend Arten blühender Pflanzen, mehr als zehntausend Insektenarten und sechzig Vogelspezies gibt es nur hier auf den Inseln. Wie die Galapagos-Inseln weiter südlich ist auch Hawaii ein Darwin'sches Traumland, ein Ort, an dem die Arten gewuchert sind.

Daher ist es seltsam, dass Hawaii nicht mit dem Gütesiegel des Öko-Tourismus seines pazifischen Nachbarn mithalten kann. Liegt es daran, dass Hawaii keine fotogenen Tiere wie die Galapagos-Schildkröten und Meerechsen oder etwas an historische Glanztaten Erinnerndes wie Darwins Finken zu bieten hat? Oder hat es eher damit zu tun, dass Hawaiis herausragendes Beispiel aktiver, nachvollziehbarer Evolution die Fruchtfliege ist, ein Insekt mit bedauerlich wenig vorzeigbarer Präsenz in den Medien?

Etwa die Hälfte aller auf der Welt lebenden Fruchtfliegenarten existieren auf diesem fernen vulkanischen Archipel. Das sind ungefähr eintausend Spezies in einer Gegend, die nicht viel größer ist als ein durchschnittlicher Regierungsbezirk, wobei in ganz England vergleichsweise nur dreißig Spezies vorkommen. Weltweit sind annähernd 0,0001 Prozent aller Insektenspezies Fruchtfliegen. Auf Hawaii beträgt dieser Anteil mehr als zehn Prozent.

Wenn es um Tiere geht, mögen ja die Galapagos-Inseln mit Glanz und Gloria auftrumpfen. Wenn Sie aber eher am Ursprung der Arten interessiert sind als an einem Fototermin mit einem überdimensionalen Auslaufmodell von Reptil, dann ist Hawaii der einzig wahre Ort.

Die Fruchtfliege kam vermutlich vor dreißig bis vierzig Millionen Jahren in Hawaii an. Die Kolonisierung könnte von einer einzigen schwangeren Fruchtfliege oder einer kleinen Truppe emigrierender Fliegen ausgegangen sein, man weiß es nicht genau. Genauso wenig weiß man, woher die Fruchtfliegen kamen oder welches Transportmittel sie benutzten. Aber eines ist ganz sicher: Mein Trip nach Hawaii war ein einmaliges Erlebnis. Ich befand mich auf einer Pilgerreise ins Mekka der Evolutionsbiologie. Genauso ging es Hunderten anderer, die aus der ganzen Welt einflogen, um an einer Konferenz über die Evolution teilzunehmen. Für einen jungen, enthusiastischen Doktoranden war ein Traum wahr geworden.

Was die Reise noch angenehmer machte, war die Tatsache, dass ich nicht dafür zahlen musste. Es war mir gelungen, den Subventionsausschuss davon zu überzeugen, dass er die Rechnung für dieses extravagante Abenteuer zahlen sollte. So großzügig es allerdings auch erschien, der Ausschuss hatte eine Bedingung an die finanzielle Unterstützung geknüpft. Ich konnte zu der Konferenz nach Hawaii reisen, vorausgesetzt, ich hielte dort einen Vortrag über meine vom Komitee finanzierte Forschung. Dies schien mir keine schlechte Abmachung zu sein. Obwohl ich nie zuvor einen Vortrag auf einer Konferenz gehalten hatte, konnte ich doch etliche Seminare vorweisen, die ich in meinem eigenen Fachbereich an der Universität veranstaltet hatte.

Mein Vortrag war für 8.40 Uhr morgens angesetzt worden, eine Zeit, zu der ich normalerweise im Bett liege. Was mich ein klein wenig mehr beunruhigte, war der Veranstaltungsort. Die

Organisatoren hatten den größten Konferenzsaal für mich gebucht, ein höhlenartiges Auditorium mit zweitausend Sitzplätzen, das den Campus beherrschte. Mein Auftritt sollte aber erst in ein paar Tagen stattfinden. Darum verbannte ich meine Ängste und tauchte in die Konferenzatmosphäre und das Überangebot der Referate ein.

Konferenzvorträge sind ein bizarres akademisches Ritual. Die Leute kommen, um sich angeblich über die allerneuesten wissenschaftlichen Erkenntnisse zu informieren. Doch wenn man sich das Durchschnittspublikum ansieht, scheint kaum jemand zuzuhören. Nur ein prominenter Redner oder ein attraktives wissenschaftliches Thema können eine Garantie dafür sein, dass mehr als die Hälfte konzentriert zuhört.

Sieht man genauer hin, bemerkt man, dass das Aufmerksamkeitsniveau des Publikums nicht konstant ist. Die meiste Zeit über ähnelt es den Schichten von Sedimentärgestein. Auf den hintersten, im Schatten liegenden Sitzen ist das Interesse am geringsten. Dort sitzen die Leute, die Zeitungen lesen oder ihren Rausch vom vorangegangenen Abend ausschlafen. Die in der Mitte sitzen, lauschen einerseits dem Redner, sind aber wahrscheinlich auch noch mit anderen Dingen beschäftigt, wie zum Beispiel mit der Vorbereitung ihres eigenen Referates. Nur ganz vorne tummeln sich die Leute, die dem Vortragenden ihr ganzes Interesse widmen. Hier findet man die eifrig Mitschreibenden, die an seinen Lippen hängen. Schon wenn er hustet, fangen sie wie wild an zu kritzeln.

Es gibt mehrere Gründe, warum der größte Teil des Publikums unverändert gleichgültig ist. Zuallererst und ganz offensichtlich ist der Müdigkeitsfaktor dafür verantwortlich. Ein akademischer Vortrag funktioniert am besten als Ereignis an sich. Schnürt man ihn mit einem ganzen Haufen anderer Referate zusammen, führt dies zu einem Marathon der Monotonie und einem überwältigenden Gefühl der Langeweile.

Dann ist da noch die Präsentation selbst. Wissenschaftliche Forscher sind nicht geschult in der Kunst des Sprechens in der Öffentlichkeit. Häufig sind sie zu nervös, zu arrogant oder zu einfallslos, um die Kommunikationslücke zu schließen. Für das Publikum kann das Ringen um Verständnis zu einer geistig auslaugenden Erfahrung werden. Deshalb ist Schlaf nicht nur ein Ausstieg für Denkfaule, sondern recht häufig eine medizinisch notwendige Reaktion.

Vielleicht ist aber der Hauptgrund für die Apathie des Durchschnittspublikums bei Konferenzen die Tatsache, dass die Vorträge nur ein Nebenschauplatz für das Hauptereignis sind. Sie sind Werbeannoncen, die auf dem freien Markt der Ideen um die Gunst des Publikums buhlen, die Vorspeise für den Hauptgang des auf Hochtouren laufenden Gedankenaustauschs, der danach stattfindet, das Format, das fünf Tagen Sauferei und witzigem Smalltalk die Struktur gibt.

Eine halbe Stunde vor meinem eigenen Vortrag bot mir dieser Gedanke wenig Trost. Ob nun irgendjemand im Publikum zuhörte oder nicht, war für meinen Gemütszustand völlig unerheblich. Ich war ein einziges Nervenbündel, eine schwarze Wolkenfront kurz vor dem Ausbruch des Sturms. Der Selbstzweifel, Cousin ersten Grades der Angst, war pünktlich zur Stelle und diente mir als Frühwarnsystem, dass mein Geist allmählich von Empfindungen heimgesucht wurde, die außerhalb meiner Kontrolle lagen.

Ich kapierte nicht ganz, dass dieser unangenehme Zustand lediglich der Startschuss für einen zunehmend aufreibenden mentalen Trip war. Ich sah, wie der Uhrzeiger das Ende der nächsten Minute verkündete, trat vor und fiel Hals über Kopf vom Rand des Sprungbretts: ein spiralförmiges Versinken in den schwarzen Tiefen der Angst. Neun Komma neun, neun Komma neun, neun Komma neun. Die Noten der Punktrichter sagten alles: Es war ein grandioser Kopfsprung.

Der Aufprall wirkte auf mich wie eine Droge. Plötzlich verschwand die vertraute mentale Landschaft zugunsten einer düsteren Weltsicht. Alte Gewissheiten nahmen langsam wieder Gestalt an und vier Teufelsköpfe labten sich an der Verkörperung meiner Ängste. Mit der Fortpflanzungsfreudigkeit einer Fruchtfliege erzeugte die Furcht neuen Schrecken. Verzweifelt suchte ich nach einem festen Halt, um ein weiteres Abgleiten in den Abgrund zu vermeiden. Aber es hatte keinen Sinn. Ein wahnwitziges Orchester schmetterte in meinem Kopf los und raste mit selbstmörderischem Schwung auf das weiße Rauschen blinder, nackter Panik zu.

Ich ließ meinen Blick über die Zuhörer schweifen in der Hoffnung, Blickkontakt herstellen zu können, ein Lächeln geschenkt zu bekommen, irgendeine Verbindung zu den verlässlichen Gewissheiten der alten Welt. Aber es gab nichts, woran ich mich festhalten konnte, abgesehen von einem überwältigenden Gefühl der Entfremdung. Ich starrte an die Decke, in die schwarze und unendliche Ferne, lauschte den dröhnenden Echos, die von den Pforten der Hölle ausgingen, und warf schließlich einen nervösen Blick auf die gewaltige schwarze Bühne, auf der sicherlich meine Exekution stattfinden sollte. Vielleicht war ich auch schon tot.

Jedenfalls war das hier ein ziemlich scheußlicher Trip.

Einen Augenblick lang entspannte sich meine Situation und verschaffte mir ein kurzes Aufblitzen von Klarheit. Es gab einen Ausgang aus dieser Welt. Ich konnte jetzt aufstehen und geradewegs aus dem Auditorium hinausspazieren, den Weg entlang, der vom Campus herunter und auf das Meer zu führte. In Wirklichkeit gab es also doch keinen Ausgang. Es war alles eine Illusion, ein teuflischer Trick.

Ich nahm wahr, dass der Vorsitzende meinen Namen ankündigte, wobei seine Worte nicht lippensynchron bei mir ankamen. Das darauf folgende Schweigen dauerte wahrscheinlich nur eine

Sekunde, was mir jedoch wie eine Stunde vorkam. Meine Beine gehorchten lediglich einem urtümlichen motorischen Instinkt und brachten mich zur Bühne. Ich starrte den Vorsitzenden an, der mich mit einem entrückten, gönnerhaften Lächeln segnete, das einem Mann entgegengebracht wird, wenn er seinem Schöpfer gegenübertritt. Das Rednerpult war mindestens einen Kilometer entfernt. Als ich es erreichte, klammerte ich mich Hilfe suchend an ihm fest. Das an meinem Hemd befestigte Mikrophon baumelte unordentlich an mir herab, als ich zu reden begann.

Etliche Wochen zuvor, als ich meinen Vortrag vorbereitete, hatte ich vorgehabt, mit einem Witz anzufangen. In Anbetracht der aktuellen Umstände beschloss ich, diesen Plan fallen zu lassen; ich hatte kein Quäntchen Selbstvertrauen mehr, um das noch durchzuziehen. Zu meinem großen Erstaunen kamen jedoch tatsächlich Worte aus meinem Mund, noch dazu ziemlich genau an den Stellen, wo ich sie auch erwartet hatte. Binnen etwa fünf Minuten war ich gelassen genug, um mich über die amateurhafte Qualität meiner Dias lustig zu machen. Der Vortrag ging flüssig über die Bühne. Selbst mit den anschließenden Fragen kam ich prima zurecht. Als alles vorbei war, schlenderte ich von der Bühne, und ein anderer machte weiter.

Im Laufe des Tages ließ ich noch einmal die Ereignisse des Morgens Revue passieren. Wozu nur diese Angst und Besorgnis? Nur wegen eines bescheuerten Vortrags über Motten! Nur gut, dass ich über nichts Wichtiges reden musste, wie zum Beispiel über Psychosen. Aber trotz des Traumas war das Referat gut gelungen. So gut sogar, dass einer der Zuhörer mir später einen Job anbot. Ich denke, das ist ein schöner Trost für den üblichen Empfang in der Welt der Panikattacken.

Nach all den Jahren kann ich mich erinnern, wie ich auf dieser Bühne in Hawaii stehe, über Motten in Südwales quatsche und dabei diese Dimension des Absurden erkenne. Obwohl der Gegenstand des Vortrags eigentlich gar nicht merkwürdig war. Er konzentrierte sich auf ein Problem, das viele als *die* große Frage in der Evolution betrachten: Artbildung oder der Ursprung der Arten. Nein, das Thema des Referats war völlig in Ordnung. Es war vielmehr der Kontext, der unangemessen war. Wenn es um Artbildungsstudien ging, reduzierten sich Motten in Südwales im Vergleich zu Fruchtfliegen auf Hawaii zur Bedeutungslosigkeit. Mein Versuch, die Zuhörer von der Bedeutsamkeit meiner Forschungsarbeit zu überzeugen, kam ein wenig dem Bemühen gleich, einer Delegation Touristikmanagern von den Seychellen den Reiz von Strandferien in Blackpool schmackhaft machen zu wollen.

Abgelegene Inseln und Archipele haben bei Evolutionsbiologen stets ungewöhnlich viel Aufmerksamkeit erregt, was eigentlich nicht schwer zu verstehen ist. Inseln sind ideales Gelände für den Ursprung von Arten und für die Fortpflanzung verschiedenster, einzigartiger Formen. Die hawaiischen Fruchtfliegen sind ein Beispiel, aber Sie können natürlich auch die Lemuren auf Madagaskar, die neuseeländischen Moas, die Galapagos-Finken und zahllose andere Tiere nehmen. Evolutionsbiologen betonen immer wieder, dass Inseln natürliche Labors zum Studium der Artbildung sind. Nur will es der Zufall, dass viele dieser Inseln auch hervorragend zum Erwerb von Sonnenbräune geeignet sind.

Mit mehr als 3500 Kilometern Entfernung zum nächstgelegenen Festland ist Hawaii der isolierteste Archipel auf der Welt. Schon immer ist die Inselgruppe so abgelegen gewesen. Dies ist kein abgebrochenes Stück Kontinent, das durch den Pazifik schwamm. Vulkanische Ausbrüche auf dem Meeresboden brachten die Inseln hervor.

Eine mitten im Pazifischen Ozean liegende Insel war noch nie ein leicht erreichbarer Ort. Wer immer es schaffte, über die unendliche Weite des Ozeans dort anzukommen, musste es mehr oder weniger so nehmen, wie es kam. Die ersten Siedler waren vermutlich eine armselige und bunt gemischte Truppe verschiedener Arten von den Randlandschaften des Pazifiks. Als sie sich jedoch erst einmal festgesetzt hatten, gelang es diesen wenigen Samen, zu wachsen, zu gedeihen und sich zu dem Artenreichtum zu entwickeln, wie wir ihn heute kennen.

Insgesamt sind es acht Inseln, die eine Kette bilden. Sie erstreckt sich von Kauai im Nordwesten bis zur «Großen Insel» (verwirrenderweise auch bekannt als Hawaii) im Südosten. Alle Inseln sind mit der riesigen Pazifischen Platte verbunden, die sich auf der flüssigen Hülle darunter mit einer Geschwindigkeit von neun Zentimetern pro Jahr in Richtung Nordwesten bewegt.

Die hawaiischen Inseln sind nacheinander aus dem Ozean aufgestiegen, als sich die Pazifische Platte über einen ortsfesten «heißen Fleck» im Inneren des Erdmantels bewegte. Der heiße Fleck ist ein Ort, wo der Auftrieb geschmolzenen Magmas die darüber liegende Platte schmelzen, sich ins Meer ergießen und zu Inseln aus Vulkangestein erstarren kann.

Als nordwestlichste Insel ist Kauai mit sechs Millionen Jahren auch die älteste. Die große Insel ganz im Südosten ist eine halbe Million Jahre alt und damit die jüngste. Ihr südöstlicher Zipfel, eine Gegend mit intensiver vulkanischer Aktivität, thront unmittelbar über dem heißen Fleck und ist noch immer im Entstehen begriffen.

Obwohl das Alter der Inseln niemals angezweifelt wurde, war man vor einigen Jahren besorgt, als die DNA der hawaiischen Fruchtfliegen eingehend untersucht wurde. Wie erwartet, fand man bestätigt, dass alle hawaiischen Spezies untereinander enger verwandt waren als mit allen anderen Arten außerhalb der Inseln.

Dieser Befund stimmte mit der Vorstellung überein, dass sich die hawaiischen Spezies *in situ* entwickelt hatten. Aber die Kontrolle führte auch zu einem vermeintlichen Widerspruch. Die genetischen Daten wiesen darauf hin, dass die hawaiischen Fliegen aus einem Kolonisierungsereignis stammten, das vor mindestens *fünfundzwanzig* Millionen Jahren stattgefunden haben musste. Und dabei ist Kauai doch erst fünf oder sechs Millionen Jahre alt. Mit anderen Worten, keine der heute sichtbaren Inseln existierte, als die Fruchtfliege zum ersten Mal in der Gegend auftauchte. Sind die Fruchtfliegensiedler also zwanzig Millionen Jahre lang in behelfsmäßigen Rettungsflößen auf dem Pazifik umhergeschwommen und haben nur darauf gewartet, dass eine Insel aus dem Meer emporsteigt? Oder haben sie sich zu einer im Wasser lebenden Art entwickelt, die sich später von einem Fruchtfliegen-Atlantis aufmachte, um das Land zu besiedeln? Leider scheint keine der beiden Alternativen plausibel zu sein.

Die wahrscheinlichste Erklärung ist, dass es andere, ältere Inseln als Kauai gab, die bereits wieder verschwunden sind – Inseln, die durch Erosion wieder zurück ins Meer gespült wurden. Legt man die Geschwindigkeit zugrunde, mit der sich die pazifische Platte bewegt, ist die Insel, auf der die ersten Fruchtfliegen landeten, vermutlich irgendwo in der Nähe der Midway-Inseln im Nordwesten unter den Wellen begraben, mehr als dreitausend Kilometer entfernt von den heute sichtbaren hawaiischen Inseln.

Es sieht also so aus, als sei die Geschichte der Fruchtfliegen auf Hawaii notwendigerweise eine Geschichte des Inselhüpfens gewesen. Als alte Inseln unter die Wasseroberfläche rutschten, waren die Fruchtfliegen gezwungen, weiterzuziehen und sich neue, jüngere Inseln zu suchen. Diese Reisen durfte man nicht auf die leichte Schulter nehmen. Inselhüpfen in Hawaii ist nicht vergleichbar mit dem Gang zum Laden an der Ecke, um sich einen halben Liter Milch zu kaufen. Einige Inseln sind beträchtlich weit voneinander entfernt. Um die große Insel zu erreichen, muss man zum Beispiel von Maui aus, ihrem nächsten und älteren Nachbarn, fünfzig Kilometer weit fliegen. Das ist kein Picknickausflug für ein so kleines Insekt wie die Fruchtfliege. Wahrscheinlich beendeten nur sehr wenige Fliegen diese Reise.

Die heutige Verteilung der Fruchtfliegenspezies auf Hawaii stimmt ganz allgemein mit der spärlichen Wanderung zwischen Inseln überein. Jede Insel beherbergt Arten, die man auf keiner der anderen Inseln findet. Zudem passen die engsten Verwandten dieser endemischen Arten widerspruchsfrei zu der jeweils zuvor da gewesenen, älteren Insel in der Kette. Es scheint, als sei jede Insel ein Trittstein mit Explosionen neu auftauchender Arten auf jeder Etappe dieses Weges gewesen.

Der Schlüssel zum Aufblühen neuer Spezies könnte in der geringen Größe der Populationen liegen, die Inselhüpfen betreiben. Weil sie eher in der Minderzahl sind, stellen sie auch nicht immer einen repräsentativen Querschnitt artspezifischer Gene dar. Die Population, zu deren Aufbau sie beitragen, könnte zufällig ein anderes genetisches Profil haben als das Profil derjenigen, die sie gerade verlassen haben. Wenn dann noch hinzukommt, dass die Gründungspopulation eine andere Umwelt vorfindet, könnte die natürliche Selektion weiterhin genetische Unterschiede betonen.

Eine Möglichkeit, diese Auswirkungen zu veranschaulichen, läge darin, sich die ursprüngliche Population als ein Buch vorzustellen, beispielsweise als einen Roman. Ein Gründerereignis – etwa die Wanderung einer kleinen Gruppe von Individuen zu einer neuen Insel – entspräche dem Herausreißen einiger Seiten aus dem Buch. Diese müsste man dann jemand anderem übergeben, der das Buch nie zuvor gesehen hat, und ihn bitten, die Geschichte zu vervollständigen. Die neue Fassung würde wahrscheinlich nicht viel Ähnlichkeit mit dem Original haben. Auf gleiche Weise könnte sich die neue Inselpopulation von der alten unterscheiden.

Bei geringer oder überhaupt keiner Wanderung zwischen den Inseln, die die auseinander strebenden genetischen Profile wieder in Einklang bringen könnte, wäre es möglich, dass aus dem Ursprung einer neuen Population der Ursprung einer neuen Art würde.

Hawaiische Tiere und Pflanzen sind nur deshalb voneinander isoliert, weil sie auf verschiedenen Inseln leben. Aber das Leben auf Hawaii ist auch innerhalb der Inseln landschaftlich getrennt worden. Immer wieder haben Lavafluten die Landschaft umgestaltet und neu geschaffen, sind mitten durch Wälder geflossen und haben Lebensgemeinschaften voneinander isoliert. Dies hatte zur Folge, dass jede Insel aus vielen kleineren, von Land eingeschlossenen Inseln besteht – Enklaven des Lebens, die durch ein massives Meer aus Lava voneinander getrennt sind.

Der ständige Zyklus von Geburt und Tod hat sowohl die Inseln als auch ihre Landschaften geprägt. Für die Bewohner Hawaiis ist die Wanderung zwischen den Inseln und zwischen den Enklaven auf jeder einzelnen Insel lebensnotwenig gewesen. Wenn es stimmt, wie die Biologen meinen, dass das Inselhüpfen für den Ursprung der Arten förderlich sei, überrascht es kaum, dass Hawaii als Inselnation in mehr als einer Hinsicht zu einem der heißen Flecken für die Artbildung auf der Erde geworden ist.

Selbstverständlich gibt es wahrscheinlich viele andere Faktoren, die zu Hawaiis ungewöhnlich großem Artenreichtum beigetragen haben. Die fruchtbaren Böden vulkanischer Asche, die Berge, die Höhenextreme schaffen und dadurch eklatante Klimaveränderungen hervorbringen; die tropische Lage – diese und viele andere Faktoren haben dazu beigetragen, die unterschiedlichsten heute erkennbaren Habitate und eine fruchtbare Umwelt für die Artbildung zu schaffen.

Inselhüpfen kann zufällige Veränderungen in genetischen Profilen bewirken. Aber diese Form genetischer Neustrukturierung bleibt nicht auf Gründungsereignisse beschränkt. Zufällige genetische Veränderungen können in jeder Population auftreten, die unter einer drastischen Verminderung ihrer Größe leidet. Wenn beispielsweise eine Krankheit oder Umweltkatastrophe eine Population auf den Bruchteil ihrer früheren Größe reduziert, dann kann das genetische Profil der Überlebenden zufällig von dem Profil vor dem Unglück erheblich abweichen.

Es könnte sein, dass die Menschen in ihrer jüngsten Evolutionsgeschichte unter einem «Populationsengpass» gelitten haben. Wie sonst wäre es zu erklären, warum ein großer Bruchteil der genetischen Mannigfaltigkeit unserer Vorfahren sich ohne Erlaubnis von der Truppe entfernt hat? Vergleicht man genetische Profile des Menschen mit denen von Schimpansen und Gorillas, unseren nächsten lebenden Verwandten, stößt man auf alarmierende statistische Daten. Für den Anfang sollte dies reichen: In einer einzigen afrikanischen Schimpansengemeinschaft gibt es eine größere genetische Vielfalt als in der gesamten menschlichen Spezies. Übersetzen wir dies in die Bilder unserer Schuhanalogie, die wir schon kennen gelernt haben, dann wäre es so, als stünde den Schimpansen die ganze Kollektion Puschen zur Verfügung, während alles, womit wir angeben könnten, ein Paar braune Puschen und ein schäbiges Paar Gummilatschen wären.

Die Profile deuten an, dass irgendwann in den sechs Millionen Jahren seit dem letzten gemeinsamen Vorfahren von Mensch und Schimpansen die menschlichen Populationen eine katastrophale Verringerung ihres Bestands hinnehmen mussten. Man hat keine Ahnung, was die Gründe für diesen Absturz der Menschheit waren. War es Krieg? Hungersnot? Pest? Dummheit? Was immer die Ursache war, vielleicht war dieser Engpass der Tritt in den Hintern, den wir brauchten – ein genetischer Richtungswechsel –, um uns aus der Monotonie des Jäger-und-Sammler-Daseins zu reißen und uns zum Nachdenken über erhabenere Angelegenheiten zu veranlassen.

Wie bei den Fruchtfliegen.

Welche Rolle die Populationsengpässe in der menschlichen Evolution auch gespielt haben mögen, mit Sicherheit waren sie eine schöpferische Kraft in der Evolution der Fruchtfliegen. Die endemischen hawaiischen Fruchtfliegen sind völlig anders als irgendwo sonst auf der Welt. Sie sind größer, verwegener und einen Tick frecher als viele ihrer entfernt verwandten Cousins auf dem Festland. Eine als Fliege mit «Flügelbildern» bekannte Spezies mit ihren großen, durchscheinenden Flügeln und einer Auswahl zarter Zeichnungen und gefärbter Designs könnte man sogar als schön bezeichnen.

Alle Bücher (dieses eingeschlossen) geben an, dass es ungefähr eintausend Fruchtfliegenspezies auf Hawaii gibt. Ich will zwar diese Zahl nicht anzweifeln, aber während meines zweiwöchigen Aufenthalts auf den Inseln habe ich keine einzige Art in der freien Natur gesehen. Allerdings sah ich etliche in den Labors, darunter auch die bizarre *Drosophila heteroneura*. Diese drollige Fliege hat einen verlängerten Kopf, der dem eines Hammerhais ähnlich sieht. Der eigenartige Kopf kommt ausschließlich bei Männchen vor und scheint das Fruchtfliegen-Pendant zu den prächtigen Schwanzfedern des Pfaus zu sein, die das Männchen in der Werbezeit einsetzt, um Weibchen anzuziehen.

Auch auf Hawaii ist das Werbeverhalten, wie überall auf der Welt, ein wichtiger Teil des Fruchtfliegenlebens. Aber die Werberituale scheinen auf Hawaii auffälliger und bunter zu sein als anderswo. Die Männchen verbringen viel Zeit damit, sich auf leidenschaftlich verteidigtem Territorium prahlerisch zu präsentieren und einherzustolzieren. Der Vorgang des Sich-Heranmachens ist bei jeder Art anders, aber eine Werbestrategie haben viele Arten gemeinsam, und das ist das vibrierende anale Tröpfchen. In dieser merkwürdigen und dennoch überraschend erfolgreichen Verführungstechnik biegt das Männchen sein Hinterteil über den Rücken und lässt vor dem Gesicht des Weibchens ein Tröpfchen Flüssigkeit an seinem Anus vibrieren. Mag sie den Geruch (und ist sie überdies beeindruckt von seiner analen Geschicklichkeit), kann sie die Dinge sich entwickeln lassen. Wenn aber ein Weibchen den Duft nicht betörend findet, lässt sie es ihn wissen, indem sie ihr Hinterteil in das Gesicht des Männchens sticht und ihm eine ordentliche Ladung eines giftigen Pheromons verpasst.

Wie ich schon sagte, auf Hawaii hat alles ein wenig mehr Stil.

Als Fortpflanzungsgelände für den Ursprung von Arten ist Hawaii unübertroffen. Seine einzigartige Merkmalskombination – Isolation, kurzlebige Landschaften und Umweltkontraste – hat sich als entscheidend für den Erfolg der Inseln beim Wettrennen um die Artbildung erwiesen. Zumindest lautet so die Theorie.

Natürlich hätte ich von Anbeginn klarstellen sollen, dass dies nur Hypothesen sind. Das Studium der Artbildung gestaltet sich – zumindest in Echtzeit – recht schwierig. Es sieht so aus, als sei die Artbildung eine notorisch träge Angelegenheit, die die Lebenszeit des Durchschnittsbiologen bei weitem überdauert. Auf Hawaii scheinen sich die Spezies schneller als die meisten anderen entwickelt zu haben. So kommen auf der Großen Insel beispielsweise ein Dutzend einmalige Fruchtfliegenarten vor, obwohl die Insel nur eine halbe Million Jahre alt ist. Aber selbst diese erhöhte Geschwindigkeit ist noch immer zu langsam, um sie in Echtzeit aufzeichnen zu können.

Wegen dieses Bummelstreiks bei der Artbildung mussten die Biologen seit Darwins Zeiten Artbildungstheorien entwickeln, die auf indirekte Indizien aus fossilen Funden, auf Muster geographischer Ausbreitung und auf subtile Vergleiche mit der Genetik, den Umweltbedingungen und den Verhaltensweisen eng verwandter Spezies angewiesen waren.

Da es Beobachtungen aus zweiter Hand waren, blieb stets genügend Raum für Interpretationen und Meinungsverschiedenheiten. Die Debatte über verschiedene Theorien lässt einige der größten Egos in der Biologengemeinde aufeinander los, wobei jedes seine eigene Lieblingstheorie vertritt und mit Nachdruck bemüht ist, seinen Anspruch auf die höchste Auszeichnung in der Evolutionsbiologie geltend zu machen: das Rätsel der Artbildung zu lösen und Darwins Nachfolger zu werden.

Überdies hat die Beschaffenheit der Indizien den Kreationisten die Gelegenheit gegeben, der Evolution von vornherein die Fähigkeit zur Hervorbringung neuer Spezies abzusprechen. Sollte sich herausstellen, dass die Kreationisten Recht haben, so ist das natürlich eine großartige Nachricht für die Fruchtfliege. Wenn der Augenschein auf Hawaii nicht trügt, dann liebt Gott in der Tat die Fruchtfliegen. Warum sonst würde er der Insel wohl eintausend Arten zugestehen? Deshalb spricht einiges dafür, dass er einen besonderen Ort im Himmel reserviert hat, ein lauschiges Plätzchen im Paradies, wo vergammeltes Obst und Gemüse im Überfluss vorhanden sind und wo die Fruchtfliege von Ewigkeit zu Ewigkeit in Frieden leben kann, ohne Angst vor Spinnen oder Laborkitteln haben zu müssen. Amen.

Während die Kreationisten stur ihren Prinzipien treu geblieben sind, haben die Biologen ihre Artbildungstheorien ständig neu entwickelt und wieder verworfen. Indes das biologische Wissen insgesamt zugenommen hat, sind auch die Fragestellungen, die mit der Artbildung zu tun haben, anspruchsvoller geworden. Müssen Populationen unbedingt geographisch voneinander getrennt sein, um sich in neue Spezies zu entwickeln? Welche Rolle spielt die natürliche Auslese bei der Artbildung? Und wie viele genetische Veränderungen sind eigentlich nötig, um eine neue Art hervorzubringen? Diese und hundert andere Fragen kursieren in der aktuellen Artbildungsdebatte.

Ironischerweise werden zeitgenössische Studien noch immer durch Chaos und Meinungsverschiedenheiten über den Begriff «Art» behindert. Eines ist klar: Solange man sich nicht darauf einigen kann, was genau eine Spezies ist, gibt es nicht viel Hoffnung, einen Konsens über die Art und Weise zu erzielen, wie sich eine neue Spezies entwickelt.

Die ungeklärten Fragen zum Thema Artbildung stellen Darwin und Dobzhansky, zwei der berühmtesten Vertreter der Evolutionsbiologie, in direkten Gegensatz zueinander. Auf der einfachsten Ebene stimmten beide darin überein, dass Spezies verschiedene «Sorten» von Dingen seien. Philosophisch betrachtet, waren sie jedoch Lichtjahre voneinander entfernt. Sie haben zwar Bücher mit nahezu identischen Titeln geschrieben, aber das Wort «Art» in Darwins *Über den Ursprung der Arten* hat eine ganz andere Bedeutung als das gleiche Wort in Dobzhanskys *Genetic and the Origins of Species*.

Darwin betrachtete eine Art als eine Gruppe ähnlicher Individuen, deren Grenzen durch das subjektive Urteil eines Biologen festgelegt wurden. In seinem Buch *Über den Ursprung der Arten* schrieb er:

Kurz, wir werden die Arten auf dieselbe Weise zu behandeln haben, wie die Naturforscher jetzt die Gattungen behandeln, welche annehmen, dass die Gattungen nichts weiter als willkürliche, der Bequemlichkeit halber eingeführte Gruppierungen seien. Das mag nun keine eben sehr heitere Aussicht sein; aber wir werden wenigstens hierdurch das vergebliche Suchen nach dem unbekannten und unentdeckbaren Wesen der «Species» loswerden.

Für Darwin war der Begriff Spezies – wie die anderen taxonomischen Kategorien der Gattungen, Familien, Ordnungen und so weiter – insofern ein nützlicher Ausdruck, als er dazu beitrug, die Welt der Natur zu organisieren, ungeachtet willkürlicher Trennungslinien.

Wenn die Grenzziehung zwischen den Arten also einigermaßen beliebig war, galt das gleiche für die Artbildung. Darwin selbst traf keine absolute Unterscheidung zwischen dem Ursprung der Arten und dem Ursprung der Populationsunterschiede. Zwar konnte man Begriffe wie «Rasse», «Varietät» und «Subspezies» einsetzen, um fortschreitende Stufen der Auseinanderentwicklung von Populationen zu kennzeichnen. Doch Darwin betrachtete diese Worte, wie den Ausdruck «Spezies» selbst, als willkürlich und relativ – abstrakte Grenzen, die wir der stets im Übergang befindlichen Natur aufzwingen.

In den dreißiger Jahren, siebzig Jahre nach Darwin, brachte Dobzhansky eine völlig andere Vorstellung von den Spezies zur Sprache. Er lehnte Darwins Idee ab und wandte stattdessen ein, dass Arten wirkliche biologische Einheiten mit eigenen einzigartigen Eigenschaften seien. Arten hätten, so glaubte er, spezifische Hemmschwellen, die sie von der Kreuzung mit anderen Arten abhielten. Dieses Konzept von Spezies als in sich abgeschlossene Fortpflanzungseinheiten dominiert noch heute das Denken in der wissenschaftlichen biologischen Gemeinde.

Der Begriff der Sperre gegen die Kreuzung zwischen den Arten war nicht neu. Aber Dobzhansky war der Erste, der diese Vorstellung im Rahmen der Genetik interpretierte. Er begann, Arten nicht als unbestimmte und willkürliche Ansammlungen zu betrachten, sondern als klar umrissene Gruppen von Individuen, die durch ihre Fähigkeit, sich zu paaren und unbegrenzt Gene miteinander auszutauschen, definiert waren. Für Dobzhansky waren die Genbewegungen zwischen Populationen das Herzblut einer

Art, der biologische Klebstoff, der die Unversehrtheit der Art gewährleistete.

Dobzhansky saugte sich diese Ideen nicht einfach aus den Fingern. Ohne die biologische Unterstützung der Fruchtfliege wäre er aufgeschmissen gewesen. Die Fruchtfliegen überzeugten ihn, dass reproduktive Unverträglichkeit die Grenzlinie war, die die Spezies voneinander trennt.

In freier Natur war es trotz intensiver Suche so gut wie unmöglich, Hybriden zwischen verschiedenen Fruchtfliegenarten ausfindig zu machen. Wenn unterschiedliche Fliegenspezies im Labor miteinander bekannt gemacht wurden, kamen sie selten miteinander zurecht. Die meisten von ihnen kamen nicht auf die Idee, mit Mitgliedern einer anderen Art in sexuellen Kontakt zu treten. Und für alle die mit einem Faible für Abenteuer endete der Versuch durchweg in einem Fiasko. Den hybriden Nachkommen gelang es entweder erst gar nicht, einen richtigen Körper auszubilden, oder sie kamen als Totgeburten, missgestaltet oder unfruchtbar auf die Welt. Selbst fast identisch aussehende Fliegenpopulationen waren durch ihre Abneigung oder Unfähigkeit, sich zu paaren, voneinander unterscheidbar. Kurz gesagt, die Fruchtfliegen brachten die Vorstellung voran, dass es sexuelle und genetische Unverträglichkeiten und nicht etwa Aussehen und Verhalten waren, die die Grenzen zwischen den Arten definierten.

Allmählich wurde deutlich, warum hybride Wesen als Nebenprodukt einer allgemeineren evolutionären Abweichung unfruchtbar geworden sein konnten. Stellen Sie sich einmal eine einzelne Fruchtfliegenpopulation vor, die glücklich und zufrieden auf einem Haufen von vergammeltem Obst ihrer Hauptbeschäftigung nachgeht. Eines Tages beschließt eine Splittergruppe der Fliegen, loszudüsen und anderswo neu anzufangen, weil sie genug von diesem speziellen Haufen hat. Mit der Zeit entfernen sich die genetischen Profile der beiden Populationen immer weiter voneinander, einmal weil es der Zufall so will, dann wegen des Inputs neuer Mutationen oder wegen der Auswirkungen der natürlichen Auslese. All diese Faktoren haben sich verschworen, die beiden Gruppen auf deutlich getrennte evolutionäre Wege zu schicken.

Nach einer Weile kommen die beiden Populationen wieder zusammen und gönnen sich ein wenig Budenzauber. Da sie ja nun einige Zeit getrennt voneinander verbracht haben, werden jetzt durch die Hybridisierung Gene zusammengewürfelt, die die Gesellschaft der anderen Gene nicht gewohnt sind. Normalerweise sind Gene, ähnlich wie Fußballer, Teamarbeiter. Sie arbeiten harmonisch mit den Genen zusammen, die die gleiche Entwicklung durchgemacht haben. Deshalb sind Gene, die sich in einem Team bewähren und wunderbar funktionieren, oft nicht zu gebrauchen, wenn sie in ein anderes Team überwechseln.

Dobzhansky erkannte diese genetischen Unverträglichkeiten als die bestimmende Grundlage der Arten und der Artbildung. 1935 schrieb er:

> … Arten stellen jenes Stadium der evolutionären Divergenz dar, in dem die einstmals wirkliche oder potenzielle Kreuzungsanordnung von Formen in zwei oder mehrere getrennte Anordnungen abgesondert wird, die physiologisch nicht mehr in der Lage sind, sich zu kreuzen.

In den vierziger Jahren wurden Dobzhanskys Ideen von dem deutschstämmigen Biologen Ernst Mayr begeistert aufgenommen und unter dem Begriff «biologisches Artkonzept» neu formuliert. Das Konzept fand unmittelbaren Anklang, weil es die Artbildung zu einem präzisen, definierbaren Ereignis umgestaltete. Nun wurde die Artbildung als das Stadium bezeichnet, in dem zwei auseinander strebende Populationen fortpflanzungstechnisch voneinander isoliert sind, wenn sie den Austausch von Genen einstellen und genetisch unabhängig werden.

Artbildungsstudien erwarben sich dadurch eine Konzentrationsfähigkeit, die ihnen zuvor gefehlt hatte. In diesem neuen Klima der Klarheit richteten die Biologen ihre Aufmerksamkeit auf «Isolationsmechanismen» – biologische Merkmale, die Schranken gegen die Verbreitung von Genen zwischen den Arten aufbauten. Die Unfruchtbarkeit der Hybriden war vielleicht die offensichtlichste Sperre gegen den Genaustausch. Aber jeder Aspekt der biologischen Konstitution einer Art, die ein Spermium der einen Spezies daran hinderte, mit dem Ei einer anderen Art eine erfolgreiche Partnerschaft einzugehen, wurde unter der groben Kategorie «Isolationsmechanismus» eingeordnet.

Selbstverständlich standen die Fruchtfliegen an vorderster Front dieser neuen Welle des biologischen Optimismus. Unterschiede in Größe und Form der Genitalien, in der chemischen Zusammenstellung eines analen Tröpfchens, in Farbe und Muster eines zur Schau gestellten Flügels, bei der Bevorzugung bestimmter Zeiten und besonderer Orte für sexuelle Aktivitäten; das waren nur einige von vielen Merkmalen, die für eine genauere Untersuchung in Betracht kamen.

Eine der angesehensten Studien über Fortpflanzungsisolation bringt wieder unsere alte Laborfreundin *Drosophila melanogaster* und ihre enge Verwandte *Drosophila simulans* ins Spiel. Trotz ihrer ähnlichen Erscheinung kann man *D. melanogaster* von *D. simulans* durch einen winzigen Unterschied in ihrem Werbegesang voneinander unterscheiden. Bei beiden Arten besteht der Gesang des Männchens aus einem pulsierenden Rhythmus mit schwankendem Tempo. Der einzige Unterschied zwischen den beiden Spezies ist das Maß, mit dem sich die Geschwindigkeit verändert. *D. simulans* benötigt annähernd fünfunddreißig Sekunden, um einen Zyklus zu vollenden, wobei es erst langsam und dann immer schneller singt, um dann wieder langsamer zu werden, während das *D.-melanogaster*-Männchen sich relativ gelassen fünfundfünfzig Sekunden Zeit zur Vollendung seines Liedzyklus nimmt.

Weibchen sind extrem penibel, wenn es um diese geringfügigen Geschwindigkeitsunterschiede geht, und bevorzugen ausdrücklich das Lied ihrer eigenen Spezies. Spielen Sie ein *simulans*-Lied: Sie werden damit *simulans*-Weibchen auf Trab bringen, während *melanogaster*-Weibchen das alles kalt lässt. Wenn Sie aber das Lied ein wenig abbremsen auf einen fetten *melanogaster*-Groove, können Sie einen Rollentausch beobachten. Die *simulans*-Weibchen verlieren das Interesse, während die *melanogaster*-Damen allmählich in Stimmung kommen.

Bemerkenswerterweise ist für den Unterschied im Tempo des Lieds zwischen den beiden Spezies ein einzelnes Gen ausfindig gemacht worden: das *period*-Gen. Ein kurzer DNA-Abschnitt ist also verantwortlich für einen schnellen oder langsamen Liedzyklus. Die Entdeckung veranlasste manche Biologen dazu, plötzlich und ungewohnt lautstark *period* als ein «Artbildungsgen» zu preisen. Eine Mutation im *period*-Gen war der Schalter, der das Tempo wechselte, sodass aus einer Spezies zwei wurden, da die sich herausbildenden Unterschiede im Musikgeschmack sich als eine Barriere für den Genaustausch erwiesen.

So heißt es jedenfalls.

Dobzhanskys Vorstellungen über Arten und Artbildung hatten einen ungeheuren Einfluss auf die Biologie. Wenn Sie heutzutage in irgendeine Schule gehen, finden Sie mit Sicherheit Biologielehrer, die jungen, beeindruckbaren Gemütern das biologische Artkonzept einpauken, damit es gleichrangig neben Newtons Gesetzen und einer Shakespeare-Passage steht.

Aber hat Dobzhansky auch alles richtig gemacht? Oder war seine Philosophie durch die Wahl seiner Versuchsgegenstände betriebsblind geworden? So populär und einflussreich sich seine Ideen auch erwiesen haben, geht doch kein Weg an der Tatsache vorbei, dass er vermutlich zu völlig anderen Ergebnissen gekommen wäre, wenn er sich entschlossen hätte, mit etwas anderem zu arbeiten als mit der Fruchtfliege, beispielsweise mit Schmetterlingen, Meeresenten oder Korallenriff-Fischen.

Dobzhanskys Beobachtung, dass verschiedene Fruchtfliegen-«Spezies» sexuell inkompatibel seien, war entscheidend für die Entwicklung seiner neuen Vorstellungen über Arten. Aber was für die Fruchtfliege gilt, muss nicht unbedingt auf die Natur als Ganzes übertragbar sein. Seit Dobzhansky haben die Biologen eine Menge mehr Informationen über das Vorkommen von Hybridisierung in freier Wildbahn angehäuft. Darüber hinaus sind viele Hybriden weder unfruchtbar noch missgebildet, sondern hervorragend in der Lage, sich mit beiden elterlichen Spezies zu kreuzen.

Natürlich erfährt man nicht viel über diese Hybriden. Auch fehlen Hinweise auf sie in der Sekundärliteratur. Seit Dobzhansky gelten «Hybride» und «Mutant» als schmutzige Worte. Fruchtbare Hybriden sind eine Provokation für all diejenigen, die eine Art gern als fest zusammenhängende Fortpflanzungseinheit betrachten möchten. Deshalb werden sie unter den Teppich gekehrt und der Bequemlichkeit halber vergessen.

Dobzhanskys Definition der Art ist das, was Richard Dawkins ein *Mem* nennt, eine überzeugende Idee, die sich schnell in einer Population verbreitet. Das einfache Kriterium reproduktiver Isolation reduzierte die Natur auf saubere und ordentliche Pakete. Diese Vorstellung von der Art war so populär, dass viele Biologen glaubten, Dobzhansky sei über ein Naturgesetz gestolpert. Was gerade noch eine willkürliche taxonomische Kategorie gewesen war, erwies sich plötzlich als konkrete biologische Realität.

Eine ganz neue biologische Folklore rankte sich um diese Vision von der Spezies und trug erheblich dazu bei, die Definition der Arten als wirkliche, eigenständige Gebilde zu stützen. Spezies hatten eine «genetische Integrität», die durch «reproduktive Isolationsmechanismen» vor «Kontaminierung» geschützt war. Ist es wirklich nur ein simpler Zufall, dass diese strengere Auffassung der Art mit seiner verfänglichen Sprache in einer Zeit Anklang fand, in der reinrassige Ideale und Faschismus in Europa populär wurden?

Was auch immer die historischen Ursprünge und Einflüsse waren, Dobzhanskys Speziesbegriff war, ob nun absichtlich oder unwissentlich, ein idealisiertes Abbild der Natur. Am Ende war seine Definition nicht realistischer als die Darwins. Arten sind, mit Blick auf die Fortpflanzung, isolierte Populationen, aber nur dann, wenn man sie selbst so sehen möchte.

Eine falsche philosophische Auffassung ist verzeihlich. Aber das biologische Artkonzept ist noch nicht einmal eine brauchbare Methode, die Diversität der Natur zu beschreiben. Dobzhansky war der Ansicht, die Fortpflanzungsisolation sei ein objektives Kriterium der Unterscheidung und weit besser als Darwins schleierhaftes Bild von Spezies als verschiedene «Gruppen» von Dingen. Natürlich laufen in vielen Fällen die beiden Definitionen aufs Gleiche hinaus: Unterschiedliche «Gruppen» von Dingen sind auch im reproduktiven Sinne voneinander isoliert. Aber dies trifft nicht immer zu. Verschiedene «Gruppen» von Dingen können getrennt bleiben, obwohl sie sich uneingeschränkt untereinander kreuzen können. Um diesen Sachverhalt näher zu erläutern, brauchen wir uns nur die Ikonen der Evolutionsbiologie anzusehen, nämlich die Darwinfinken auf den Galapagos-Inseln.

Die meisten Menschen würden die vierzehn Arten dieser eher langweiligen Vögel als eine beispielhafte biologische Art im Sinne Dobzhanskys betrachten. Was sie aber nicht sind. Sie kreuzen sich uneingeschränkt untereinander und bringen fruchtbare Hybriden hervor. Weshalb also, möchte man fragen, schwinden die Unterschiede zwischen den Arten nicht dahin? Warum sehen wir weiterhin deutlich verschiedene Gruppen von Individuen? Der Grund dafür liegt darin, dass die Schnabelgrößen der Hybriden zwischen denen der beiden Elternarten liegen. Obwohl die hybriden Vögel körperlich fit und gesund sind, erweisen sich ihre Schnäbel als unangemessene Ernährungswerkzeuge zur Aufnahme der ganz speziellen Samentypen auf den Inseln.

Allerdings stehen sie der Situation nicht unflexibel gegenüber. In den achtziger Jahren des 20. Jahrhunderts brachte eine Periode außergewöhnlich heftigen Regens Veränderungen in der Inselvegetation hervor. Es fand eine Verschiebung in der Verbreitung der Samenformen statt. Plötzlich waren die Schnäbel der Hybridvögel besser angepasst als die der Elternarten, sodass sich die Unterschiede zwischen den Spezies aufzuheben begannen. Die Abweichungen können aber wieder auftauchen, wenn die Vegetation zu ihrem ursprünglichen Zustand zurückkehrt.

Die Darwinfinken zeigen, wie eine einseitige Fixierung auf die Fortpflanzungsisolation uns für die Feinheiten des evolutionären Wandels blind sein lässt. Die Fortpflanzungsisolation ist nur ein Stadium der evolutionären Abweichung; es gibt keinen logischen Grund, warum es absolute Priorität genießen sollte. Uns selbst betrachten wir als gute biologische Art, weil wir uns nicht mit Schimpansen oder Gorillas, unseren engsten Verwandten, kreuzen können. Allerdings haben wir keine Vorstellung davon, wann diese Fortpflanzungsisolation stattfand. Vielleicht geschah es, lange nachdem wir uns in unserem körperlichen Aussehen und Verhalten voneinander unterschieden haben. Wenn es heute biologisch noch möglich wäre, sich mit Schimpansen zu kreuzen, würden wir uns dann immer noch als separate Spezies betrachten?

Was wirklich ironisch bei der ganzen Sache ist: Die Welt ist ohne die Artendefinition von Dobzhansky in Wirklichkeit ein viel unkomplizierterer und erfreulicherer Ort. Wenn Evolution uns irgendetwas lehrt, dann ist es die Tatsache, dass das Leben auf Erden stets im Übergang gewesen ist. Warum also sollte man versuchen, es in strenge Formeln zu kleiden und dadurch einzuengen?

Wenn wir einen Schnappschuss dieser sich wandelnden Welt machen, sehen wir kein vollständiges Kontinuum der Formen. Es gibt wahrnehmbare Lücken, die Anhäufungen einander ähnlicher Individuen deutlich hervortreten lassen. Aus abstrakter Sicht können wir uns diese Anhäufungen als Berggipfel auf einer wogenden dreidimensionalen Oberfläche vorstellen. Diese Oberfläche kommt, wie die Landschaft von Hawaii, vollständig mit Bergen, Hügeln und Tälern einher. Die Berggipfel auf der Oberfläche stellen die Ansammlungen von Individuen dar, die ähnliche Gene gemeinsam haben. Die Täler entsprechen selteneren Genkombinationen von der Art und Weise, wie man sie in Hybriden vorfindet. In diesem Schema erklären sich die Anhäufungen von selbst. Aber die Entscheidung darüber, ob diese Agglomerate nun Varietäten, Rassen oder Arten sind, ist eine willkürliche Übung, die etwa dem Beschluss nahe kommt, einen Gipfelpunkt als Hügel oder Anhöhe zu bezeichnen.

Wie die hawaiische Landschaft, ist auch die genetische Landschaft nicht festgelegt und statisch. Über Zeitalter hinweg hält die Evolution die Oberfläche in einem Zustand ständigen Fließens. Populationsengpässe bewirken, dass kleine Hügel sich vom Fuß größerer Berggipfel lösen. Die natürliche Auslese kann Maulwurfshügel in Berge verwandeln, während die Hybridisierung Zwillingsgipfel auf Plateaus schrumpfen lässt. Seit das Leben begann, ist diese Landschaft endlos überarbeitet und umgestaltet worden. Daher ist es kein Wunder, dass sie sich bisher jeder allumfassenden Definition hartnäckig widersetzt hat. Darwins Speziesdefinition war in der Tat verworren, aber nur deshalb, weil die Natur genauso beschaffen ist.

Natürlich kann man Dobzhansky nicht wirklich vorwerfen, der Welt ein zweifelhaftes Artenkonzept aufgedrängt zu haben. Wenn Sie nach dem Rädelsführer suchen, dann sollten Sie die Fruchtfliege dafür verantwortlich machen. Denn sie war es, die zu einem unvergänglich populären, wenn auch verzerrten Bild der Natur beigetragen hat. Doch zieht man die vielen guten Dinge, die die Fruchtfliege für uns getan hat, in Erwägung, sollten wir ihr diesen dummen Fehler nicht übel nehmen.

Wie die Zeit verfliegt

Auf Manhattans Fifth Avenue zwischen der 32. und 33. Straße, ein paar Hausnummern vom Empire State Building entfernt, gibt es einen kleinen Laden für Herrenhüte namens «JJ Hats». Es ist ein entzückender Ort mit lauter quietschenden Schubladen und Holzschränken. Man hat nicht den Eindruck, als habe sich der Laden viel verändert seit seiner Eröffnung vor nahezu hundert Jahren. Man tritt ein und könnte sich im New York des Jahres 1910 befinden.

Dieser Laden stammt aus der Ära von Thomas Hunt Morgan und seinen frühen Experimenten mit der Fruchtfliege. Wer weiß, vielleicht hat Morgan ja einmal diesen Dreimeilentrip vom Campus der Columbia University an die Morningside Heights hierher gemacht und ist in dem Laden gewesen. Heute will ich den umgekehrten Weg gehen. Ich möchte mich für meine Pilgerreise gen Norden zu Morgans «Fliegenraum» – dem Ort, an dem die wissenschaftliche Erfolgsgeschichte der Fruchtfliege begann – mit einer passenden historischen Kopfbedeckung ausstatten lassen.

Zuerst aber muss ich mich entscheiden, welche Art von Hut ich kaufen soll. Die Auswahl bei «JJ Hats» ist riesig. Alle nur erdenklichen Stilrichtungen und Farben sind hier erhältlich. Ein Schlapphut und Filzhut führen mich in Versuchung, aber schließlich fällt mein Votum eindeutig für ein etwas bescheideneres Modell aus, eine Mischung aus großem schlappem Barett und spitz zulaufender Mütze, eine Hutart, die in den zwanziger und dreißiger Jahren beliebt war und in den Siebzigern als bevorzugte Kopfbedeckung von Drogenhändlern und Zuhältern wieder auftauchte. Ich komme mir mit dem Hut ein bisschen albern vor, aber draußen auf der Straße scheint niemand Notiz davon zu nehmen. Schließlich bin ich in New York; wenn man sich hier nicht erlauben darf, lächerlich auszusehen, wo dann sonst?

Ich rücke mir die Mütze so zurecht, dass sie verwegen aussieht, und gehe in nördlicher Richtung die Fifth Avenue hinauf und in den Central Park. Es ist ein wunderbarer, sonniger Februarmorgen. Überall im Park sehe ich Inlineskater und Einradfahrer, Jongleure und Pantomimen. Alle sind sie heute hier draußen und ziehen ihre Samstagmorgennummer ab. Die Mütze passt prima hierher.

Die Wolkenkratzer im Zentrum Manhattans hinter mir lassend, wandere ich durch den Park und hinüber nach Central Park West. Der See ist noch zugefroren und seine verspiegelte Oberfläche wirft ein strahlend konzentriertes Licht auf die großzügige Architektur der Upper West Side. Insbesondere das Dakota-Gebäude sieht grandios aus. Fasziniert von seiner gotischen Pracht, versinke ich plötzlich in melancholische Tagträume von John und Yoko und einer Jugend, die in weiter Ferne zu liegen scheint.

Der Gedanke an den «Fliegenraum» holt mich wieder auf den Boden der Tatsachen zurück. Ich rücke die Mütze zurecht und setze meinen Gang in nördlicher Richtung fort, an der Westseite des Parks entlang und vorbei am Amerikanischen Museum für Naturgeschichte. Hinter den Wohlstand signalisierenden Häuserblocks liegt schließlich ein nüchterneres urbanes Viertel. An der Nordwestecke des Parks biege ich links in den Cathedral Parkway ein und dann rechts ab in die Amsterdam Avenue, wo ich die sanfte Steigung hinaufgehe, die mich zu den Hintereingängen der Columbia University führt.

Dummerweise habe ich die Zimmernummer des «Fliegenraums» vergessen. Aber ich mache mir eigentlich keine allzu großen Sorgen. Ich weiß, dass der Raum im Schermerhorn-Gebäude war, das ich problemlos auf einer Karte finden kann. Darüber hinaus bin ich davon überzeugt, dass es hier eine Menge Hinweisschilder gibt, um die Besucher zu diesem weltberühmten Labor zu leiten. Ich weiß nicht, ob der «Fliegenraum» noch in seiner ursprünglichen Form existiert. Aber selbst wenn das nicht der Fall sein sollte, bin ich mir sicher, dass es in der Nähe eine Art Gedenktafel geben wird, um an den Rang des Labors in der Wissenschaftsgeschichte zu erinnern; vielleicht gibt es ja sogar ein kleines Museum.

Nach einigen Schwierigkeiten finde ich das Haus Schermerhorn. Es ist ein freundliches, wenn auch wenig bemerkenswertes, mehrstöckiges Gebäude mit neoklassizistischen Tupfern hier und da, um eine schmucklose Fassade aus dem 19. Jahrhundert ein wenig aufzupeppen. Ich schaue mich nach Hinweisschildern mit der Aufschrift «Morgans Fliegenraum» um. Fehlanzeige, zumindest hier draußen.

Drinnen ist niemand zu sehen. Na gut, es ist Samstag, aber dass der Ort derart verlassen wirkt, hatte ich nicht erwartet. Arbeiten Akademiker nicht auch am Wochenende? Ich steige in den Aufzug, ohne ein bestimmtes Stockwerk im Auge zu haben, und schlendere durch die weiß getünchten Korridore. Sorgfältig inspiziere ich jede Tür auf der Suche nach einem Hinweis oder Anhaltspunkt, während ich die ganze Zeit angestrengt versuche, mich an die Zimmernummer zu erinnern.

Ich bin gerade dabei, die Geduld zu verlieren, als ich zwei Anthropologen in die Arme laufe.

«Tut mir Leid, wenn ich Sie belästige. Können Sie mir vielleicht helfen? Ich suche Morgans ‹Fliegenraum›.»

Verständnislose Blicke.

«Sie wissen doch, die Fruchtfliege, *Drosophila melanogaster*?»

Ausdruckslose Gesichter. Vielleicht irritiert sie meine Mütze. Schnell nehme ich sie ab.

«Er war in diesem Gebäude – hier an der Columbia University – Thomas Hunt Morgan – er hat die Fruchtfliege berühmt gemacht.»

Kein Fortschritt. Die Mütze kann's also nicht gewesen sein.

Nach weiteren Erklärungen stelle ich fest, oh ja, sie hätten von der Fruchtfliege gehört, aber nein, sie wüssten nichts über Morgan oder den «Fliegenraum». Also setze ich meine Suche noch eine Weile fort, treppauf, treppab, spähe durch die Flure, in der Hoffnung, einen Hauch genetischer Geschichte aufzuspüren.

So langsam dämmert es mir, dass der «Fliegenraum» nicht ganz so legendär zu sein scheint, wie ich annahm, sodass ich nach einer halben Stunde ergebnisloser Suche enttäuscht dem Gebäude den Rücken kehre. Beim Verlassen des Universitätsgeländes stelle ich noch ein paar Fragen. Aber niemand kann mir weiterhelfen. Zweifellos zählt der «Fliegenraum» nicht zu den touristischen Spitzenattraktionen der Columbia University.

Als ich nach England zurückkehrte, schickte ich eine E-Mail an Jim Erickson, einen Fruchtfliegen-Biologen an der Columbia University. Ich wollte sichergehen, dass ich nicht irgendetwas übersehen hatte, und deshalb fragte ich ihn nach dem augenblicklichen Zustand des «Fliegenraums». Er bestätigte meinen Verdacht. Der «Fliegenraum» in seinem ursprünglichen Zustand existiert nicht mehr. Tatsächlich ist seit Morgans Ära eine neue Wand hochgezogen worden, die einen Teil des alten Raums als Flur für sich beansprucht. Es gibt kein Museum und keine Gedenktafel.

Der «Fliegenraum» mag vergessen sein, aber einen Monat nach meiner Rückkehr aus New York machte die Fruchtfliege erneut Schlagzeilen. Ihr Genom – der vollständige genetische Bauplan – war entziffert worden. Mit den neuesten automatisierten DNA-Sequenziermaschinen und mit Hilfe der leistungsstärksten Supercomputer hatte ein Konsortium von Biologen nicht einmal sechs Monate gebraucht, um die vollständige Sequenz aller 180 Millionen DNA-Buchstaben in den 13 600 Genen der Fruchtfliege auszuarbeiten.

Die Zeitschrift *Science* gab ein Sonderheft heraus, um das Ereignis gebührend zu würdigen. Eine männliche und eine weibliche Fruchtfliege zierten das Cover. Sie saßen auf lauter Reihen von As, Gs, Ts und Cs – den Buchstaben des DNA-Alphabets. Im Heft gab es Tabellen und Diagramme zum Herausklappen, feierliche Rezensionen und kluge Kommentare von den Größen der Zunft.

Welchen Rang nimmt also die Sequenzierung des Fliegengenoms in der Liste der großen Entdeckungen ein, die jemals mit Hilfe der Fruchtfliege gemacht wurden? Zweifellos war dies eine außergewöhnliche Leistung. Aber es ist nicht so sehr ein Triumph der Wissenschaft als vielmehr der Technik. In mancherlei Hinsicht kann man es als Kulminationspunkt einer langen Tradition der Kartenerstellung betrachten, die bis in Morgans «Fliegenraum» zurückgeht. Die Technik mag sich verändert haben, und zwar so sehr, dass sie nicht wieder zu erkennen ist, dennoch kann man eine direkte Abstammungslinie von den heutigen automatischen Sequenziermaschinen bis zu den Milchflaschen und den Diagrammen an den Wänden des «Fliegenraums» ziehen.

Wenn es um die Erstellung genetischer Karten geht, muss man Morgan, Sturtevant und Bridges als Pioniere der ersten Stunde nennen. In kontrollierten Versuchen kreuzten sie mutierte Fliegen untereinander und fanden eine geniale Möglichkeit, die lineare

Anordnung von Genen entlang den Fruchtfliegen-Chromosomen herauszubekommen. Es war eine einfache, aber revolutionäre Technologie. Jeder wollte es ausprobieren, und die wissenschaftliche Gemeinde war verrückt nach den Karten.

Wir drücken jetzt auf den Schnellvorlauf zu den siebziger Jahren, als die DNA-Sequenzierung aufkam und mit ihr eine neue Ära der Kartenerstellung begann. Statt die lineare Anordnung der Gene auszuarbeiten, waren die Biologen nun im Besitz von Werkzeugen, mit deren Hilfe sie die lineare Anordnung der Buchstaben innerhalb einer DNA-Sequenz herausfinden konnten. Und wieder einmal versetzte die Etablierung einer leistungsfähigen neuen Technik die Biologen in helle Aufregung.

Ironischerweise ließen diese beiden Techniken, nämlich die Anfertigung genetischer Karten und die DNA-Sequenzierung, die Flammen der Naturalistentradition wieder auflodern. Es mag wenig überzeugend klingen, dass Genetiker des 20. Jahrhunderts etwas mit den Naturalisten des 19. Jahrhunderts zu tun haben könnten. Aber die Genetik – eine Wissenschaft, die sich aus der Ablehnung der naturalistischen Philosophie entwickelt hat – ist immer wieder auf sie zurückgekommen und hat sich ihrer angenommen.

Die Philosophie des Naturalismus war auf dem Fundament von Beobachtung und Beschreibung aufgebaut. Einfach ausgedrückt, sind Biologen Briefmarkensammler. Im 19. Jahrhundert hatten diese Marken die Form von Millionen präparierter Tier- und Pflanzenexemplare, die gesammelt, beschrieben und klassifiziert wurden. Im 20. Jahrhundert hatten sich die Briefmarken verändert – jetzt hießen sie Gene oder DNA-Sequenzen –, aber der grundlegende Ansatz blieb derselbe. In den zwanziger und dreißiger Jahren bedeutete die genaue Lokalisierung eines Gens auf der Chromosomenkarte den Glanzpunkt manch einer biologischen Karriere. Und in den siebziger und achtziger Jahren war der

Traum von der Entzifferung einer DNA-Sequenz der einzige Grund, warum Biologen morgens früh aus dem Bett stiegen.

Die neue Generation der genetischen Naturalisten war offen für neue Technologien und Experimentaltechniken, aber nur insofern, als sie ihre Beobachtungen und Beschreibungen erweitern und verfeinern konnten. Darin ähnelten sie dem Naturalisten, der ein Fernglas zur Identifizierung eines Vogels benutzte oder ein Mikroskop, um die Details einer Amöbe zu sondieren. Die Überprüfung von Hypothesen durch sorgfältig kontrollierte Experimente – die Grundlage der Experimentalphilosophie – ging den Bach hinunter, während ganze Heerscharen von Biologen sich entweder mit der Anfertigung von Karten oder mit der Sequenzierung von Genen zufrieden gaben. In der Naturgeschichte des 19. Jahrhunderts ging es hauptsächlich um die drei K: Kollektionen, Kataloge, Klassifizierungen. Hinter all den erschöpfenden Beobachtungen und dem zwanghaften Sammeln von Notizen stand der Wunsch, allgemein gültige Muster und Beziehungen zwischen den Lebewesen zu entdecken. Ob diese Strukturen nun der Schöpferkraft Gottes entsprangen oder den blinden Kräften der Evolution zuzurechnen waren – die Formalismen der Klassifizierung blieben die gleichen. Immer mussten Blätter gezeichnet, Beine gezählt und Schnäbel gemessen werden. Naturhistorische Museen, wie etwa die in New York und London, stehen nun da als Denkmäler für den viktorianischen Ordnungswahn.

Diese alten Museen haben ein modernes Pendant, das Sie im Internet finden können. Die viktorianische Naturalistentradition lebt in den Computerdatenbanken fort, die über viele Jahre hinweg gesammelte genetische Karten und Tausende von DNA-Sequenzen katalogisieren und klassifizieren. Im Inneren dieser elektronischen Museen finden Sie alle möglichen genetischen Artefakte. Hier ist auch die vollständige DNA-Sequenz der Fruchtfliege, der Hefe, des Nematodenwurms und eines ganzen

Schwarms von Bakterien gespeichert. Und ebenfalls hier finden Sie die neueste Errungenschaft: die drei Milliarden DNA-Buchstaben, die den vollständigen menschlichen Bauplan darstellen.

Es steht Ihnen frei, durch das Museum zu schlendern. Werfen Sie doch zum Beispiel einmal einen Blick in die Fruchtfliegengalerie. Sie könnten da auf etwas stoßen, das etwa so aussieht:

AATTCGCCGAATATCCGGTACGTCGATTAACGCTCTAG
CTTACTACGTCATACTGGGTATACTCACGGAGTAATCCG
TACGTACGTACGTCGTATACGTACGTTATCGTCACT
GCTCGT...

Ist doch spannend, oder?

Werfen Sie einen Blick in die Hefe-Galerie, und Sie werden vielleicht Folgendes sehen:

GGGCGTAAAATGTTGTGCGCTCTTTACACAGCGTA
GATCCAAGTACGATTACGTTCATGACTGCGATCAGTA
CCATGGTACGCTACTGCATGCATGGACTACGTACTGG
CATGCTGCATGGCTGACT...

Alles klar?

Aus sich selbst heraus teilt uns eine DNA-Sequenz kaum etwas darüber mit, wie endlos lang sie ist. Genauso wenig wie man durch das Zählen der Körperhaare eines einzigen Insektenexemplars Einblicke bekommt, gibt es auch nicht viel über die etlichen hundert Buchstaben in einer DNA-Sequenz zu sagen. Verknüpft man jedoch die Erkenntnisse mit ein paar zusätzlichen Informationen, wird es plötzlich wesentlich interessanter. Das Wissen über den genetischen Code führt dazu, dass eine DNA-Sequenz benutzt werden kann, um die Form und Struktur ihres Proteinprodukts vorherzusagen. Im Gegenzug können Form und Struktur des Proteins Hinweise auf dessen Rolle im Alltagsgeschäft des Lebens geben.

Eine einzelne DNA-Sequenz ist *eine* Sache. Bringt man aber alle DNA-Sequenzen zusammen, wird der Wert des DNA-Museums deutlicher. Ähnlich wie die Viktorianer riesige Sammlungen einzelner Exemplare benutzten, um daraus Schlussfolgerungen über evolutionäre Beziehungsmuster zwischen den Lebewesen zu ziehen, kann man auch mit Hilfe des Katalogs der DNA-Sequenzen evolutionäre und funktionelle Beziehungen zwischen den Genen innerhalb einer Art und zwischen den Arten herausfinden.

In gewisser Hinsicht zieht die Sequenzierung des Fruchtfliegengenoms einen Schlussstrich unter diesen speziellen Abschnitt der Naturgeschichte. Für die Fruchtfliege ist nun nämlich das genetische Briefmarkensammeln vorbei. Jetzt muss man nur noch herausfinden, wie diese enorme Bestandsaufnahme von Buchstaben in der Praxis funktioniert. Die Biologen sollten für die nächsten hundert Jahre glücklich und zufrieden sein. Inzwischen können wir auf ein bemerkenswertes Jahrhundert der Fruchtfliege zurückblicken, in dem sich das Erscheinungsbild der Biologie verändert hat.

Alles begann unter William Castles wachsamem Blick an der Harvard University. Das waren noch harmlose Zeiten. Damals diskutierten die Biologen noch über alle möglichen Probleme: die Glaubwürdigkeit der Darwin'schen Evolution, die physische Grundlage der Vererbung und über die effektivste Alternative, Hugo de Vries' Mammutwerk *Die Mutationstheorie* nach Hause zu schleppen, ohne sich dabei zu verheben.

Seitdem hat die Biologie sehr viel erreicht, wozu die Fruchtfliege in nicht unerheblichem Maße beigetragen hat. Ihr Lebenslauf liest sich wie die Checkliste der biologischen Meilensteine des 20. Jahrhunderts – die Grundlagen der Genetik, die Fusion von Genetik und Evolutionsbiologie, die genetische Sezierung des Verhaltens, Embryonalentwicklung und Altern – all dies ist lediglich eine kleine Auswahl der Früchte eines Jahrhunderts harter Laborarbeit.

Der Einfluss dieser Entdeckungen geht weit über die engen Grenzen der Fruchtfliegenbiologie hinaus, und darin ist auch das Geheimnis des Erfolgs der Fruchtfliege begründet. Die Fruchtfliege hat sich als biologisches Leuchtfeuer entpuppt, das Licht auf die universellen Gesetze des Lebens wirft. Immer wieder haben neue Entdeckungen bei den Fruchtfliegen zu Parallelentdeckungen bei vielen anderen Lebensformen und speziell auch beim Menschen geführt.

Nehmen Sie zum Beispiel die Embryonalentwicklung. Als in den siebziger Jahren Gene entdeckt wurden, die den Aufbau des Fruchtfliegenkörpers kontrollieren, war das ein bemerkenswerter Durchbruch. Zum ersten Mal bekamen Biologen einen flüchtigen Einblick in die Kontrolle und Orchestrierung der Reise vom Ei zum Embryo – zumindest bei Fruchtfliegen. Aber schon bald tauchten ähnliche Gene in Seegurken, Fröschen, Mäusen und Menschen auf. So erwies sich der Entwicklungsplan der Fruchtfliege als ganz und gar nicht einzigartig, sondern als Leitfaden für die Entwicklung in anderen Lebensformen.

Heute wissen wir, dass Fruchtfliegen und Säugetiere nicht nur Gene miteinander teilen, die für den grundlegenden Körperaufbauplan verantwortlich sind, sondern auch genetische Schalter gemeinsam haben, die als Initialzündung für die Entwicklung von Augen, Gliedmaßen, Nerven und Herzen gelten. Tatsächlich sind sich manche dieser Gene so ähnlich, dass sie austauschbar sind. Man kann das Gen, das die Augenentwicklung in einer Fruchtfliege kontrolliert, beseitigen und durch das entsprechende Gen einer Maus ersetzen, und trotzdem wird die Fliege ganz normale Augen haben.

Seit ihrem Erfolg in der Entwicklungsbiologie hat die Fruchtfliege noch etliche andere Gene und biologische Pfade, die quer durch das Tierreich hindurch bewahrt bleiben, genau lokalisiert. Sie hat eine Reihe gut ausgetretener genetischer Pfade sichtbar gemacht, die die erstaunliche Ökonomie der Evolution von der Geburt bis zum Tod in den Mittelpunkt stellen.

Aufgrund dieser Erfolgsgeschichte glauben die Biologen, dass die Ursache des menschlichen Alkoholismus oder der Drogensucht im Verhalten und der Genetik einer berauschten Fruchtfliege gefunden werden kann; dass Lösungen für den Jetlag und für Schlafstörungen in den Köpfen guillotinierter Fruchtfliegen entdeckt werden können; dass Heilmittel für Gedächtnisverlust und Trauma durch das simple Training einer Lernübung für Fruchtfliegen ans Tageslicht gebracht werden und dass das Geheimnis ewiger Jugend in den Altersmacken eines Fruchtfliegen-Methusalem verborgen liegt.

Natürlich lief für die Fruchtfliege nicht immer alles nach Wunsch. Das ganze 20. Jahrhundert hindurch wurde sie permanent von einer ganzen Heerschar konkurrierender Laborforscher bedroht. Heute muss sie sich dem hartnäckigen Wettbewerb neuer Rivalen wie etwa der Maus und dem Nematodenwurm *Caenorhabditis elegans* stellen. Beide Tiere haben ihre Bewunderer. Da die Maus ein Säugetier ist, wird sie häufig als ein geeigneteres Modell für die menschliche Biologie gepriesen, sie eignet sich aber weniger für genetische Bastelei und besitzt nicht die Strapazierfähigkeit der Fruchtfliege. Auf der anderen Seite hat sich der Nematodenwurm mit seiner Unkompliziertheit von tausend Zellen als wertvoll in der Altersforschung und der Embryonalentwicklung erwiesen. Aber mangelndes Charisma und ein recht dürftiges Repertoire an Verhaltensweisen laufen darauf hinaus, dass er einem *Bonvivant* wie der Fruchtfliege nicht ebenbürtig ist.

Tatsache ist, dass die Fruchtfliege das Original und der beste, vielseitigste Modellorganismus bleibt. Ihre ersten Laborerfahrungen mögen zwar halsbrecherisch gewesen sein, doch als sie schließlich den Weg nach New York und zu Thomas Hunt Morgans Labor an der Columbia University fand, wollte sie nicht mehr zurück. Seit dieser Zeit haben sich Tausende von Biologen von dem außergewöhnlichen Talent der Fruchtfliege, frischen Wind in schlaff durchhängende wissenschaftliche Segel zu bringen, begeistern lassen.

Sicherlich hat sich die Fruchtfliege selbst einen Platz in der Wissenschaftsgeschichte gesichert, während andere nicht so viel Glück hatten. Denken wir an William Castle, den Mann, der als Erster die Fliege unter seine Fittiche nahm. Zu seiner Zeit war Castle ein Spitzenforscher auf dem biologischen Sektor. Seinen vielleicht eindrucksvollsten Beitrag zur Wissenschaft leistete er im Jahre 1909 mit seiner Studie über die Keimdrüsen der Meerschweinchen, eine Arbeit, die der schrumpfenden, noch immer der Lamarck'schen Evolution verpflichteten Biologenfraktion den Todesstoß versetzte. Und dennoch ist der ursprüngliche Fruchtfliegenpionier Castle heute nahezu vergessen. Nur einige Wissenschaftshistoriker erinnern sich heute noch an ihn.

Vielleicht kann die Quelle dieser kollektiven Amnesie bis zu einer Bemerkung Castles aus dem Jahre 1919 zurückverfolgt werden, als er in einer seiner wissenschaftlichen Studien schrieb:

> Es scheint aus mehreren Gründen fragwürdig zu sein, dass die Gruppierung von Genen innerhalb eines Verbindungssystems streng linear ist. So ist es beispielsweise zweifelhaft, ob ein derart kompliziertes organisches Molekül jemals eine kettenförmige Struktur haben kann.

Gewiss, später ist man immer schlauer, aber im Rahmen dieser sechsunddreißig Wörter macht Castle zwei der falschesten wissenschaftlichen Vorhersagen aller Zeiten. Erstens bewies Morgan mehr oder weniger, dass Gene linear auf Chromosomen angeordnet sind, und dann entdeckten Watson und Crick 1953, dass die DNA als das genetische Material eine einfache kettenförmige Struktur hat. Um die Dinge ins rechte Licht zu rücken: Castles Vorhersage war in etwa so zutreffend wie die des Artists & Repertoire-Managers von Decca Records, der 1962 die Beatles ablehnte und öffentlich bekannt gab: «Gitarrenbands sind einfach nicht mehr gefragt …»

Aber wissenschaftliche Fehleinschätzungen allein können Castles Verschwinden aus der Literatur der Biologiegeschichte – mit Ausnahme einiger unbedeutender Texte – nicht erklären. Immerhin ist beispielsweise Morgan der Mann, der früher einmal die Mendel'sche Genetik, die Chromosomentheorie der Vererbung und Darwins Theorie der Evolution durch natürliche Selektion ablehnte. Keine schlechte Sammlung für einen künftigen Nobelpreisträger.

Nein, Tatsache ist, dass nur sehr wenige Wissenschaftler einen nachhaltigen Eindruck im Gedächtnis hinterlassen, wie meine Suche nach dem «Fliegenraum» eindeutig bestätigte. Selbst wenn man glaubt, dass die eigene Arbeit die Grenzen der Wissenschaft sprengt (und seien wir ehrlich, es gibt viele, die das glauben); selbst wenn Sie per du mit den Herausgebern aller wissenschaftlichen Spitzenzeitschriften sind, und selbst wenn Sie in ein prestigeträchtiges Komitee zur Finanzierung der Forschung gewählt werden, wird die Nachwelt Ihr Lebenswerk wahrscheinlich auf einen einzigen Satz in den Fußnoten irgendeiner obskuren wissenschaftlichen Biographie reduzieren. Sie brauchen nur einmal William Wiehießerdochgleich zu fragen.

Inzwischen aber sorgt die Fruchtfliege weiterhin für Schlagzeilen.

Freak Show

Eine Kollektion von Fruchtfliegen-Krimskrams

Mutanten, die einer Erwähnung wert sind

Im Folgenden finden Sie eine Liste von Mutanten, die im Buch nicht zum Zuge kamen, die dennoch erwähnenswert sind.

Chico: Diese Miniaturfliege (der Name bedeutet im Spanischen «kleiner Junge») ist mit weniger und kleineren Körperzellen noch nicht einmal halb so groß wie die normale Fruchtfliege. Offenbar beliebt bei Sammlern japanischer Bonsai.

Pirouette: Sie ist ganz versessen auf die Geometrie von Kreisen und beginnt daher ihr Erwachsenenleben, indem sie große, weite Kreise in ihrem Käfig zieht. Allmählich werden die Drehkreise der Fliege immer kleiner, bis eine Phase beginnt, in der sie wie eine Ballerina Pirouetten tanzt. Schließlich bricht sie zusammen, entweder weil sie verhungert ist oder den Drehwurm hat oder beides zusammenkommt, und sie stirbt in tangentialem Frieden.

Schütteldich (shaker): Mag ja sein, dass dieser Vertreter – wie im Song von Elvis Presley – «all shook up» und völlig außer sich ist, aber mit seinen konvulsiven Zuckungen und dem arrhythmischen Schütteln der Beine ist er kein Fruchtfliegen-Elvis, sondern ein todsicherer Kandidat für ein kurzes Erwachsenenleben.

Dackel (Dachshund): Eindeutig kein Hundeleben für *Dackel*. Die kleinen Stummelbeine der Fliege sind zum Gehen völlig unbrauchbar, was sie aber anscheinend nicht davon abhält, es zu versuchen. Sie schlägt ein paar Tage matt mit den Beinen um sich, bevor sie austrocknet und stirbt.

Totumfall (drop dead): ist eine Tragödie in der Warteschleife. Zu Beginn ihres Lebens erfreut sie sich einer robusten Gesundheit. Sie wächst als Larve und Puppe ganz normal auf. Und selbst als junge Erwachsene sieht man rein äußerlich keine Anzeichen des drohenden Schreckens. Alles scheint auf fast schon verstörende Weise normal. Und dann, ganz plötzlich, fängt sie ohne Vorwarnung an zu torkeln und fällt tot um. C'est la vie.

Adler (eagle): Eine Fliege, die hoch hinaus will. Dieser Mutant streckt seine Flügel im rechten Winkel zum Körper aus, als träumte er von einem imposanteren, besseren Leben, in dem er sich mit den Aufwinden majestätisch in die Lüfte emporschwingen und Herrscher über sein Reich sein möchte. Vielleicht hat er aber auch nur ein nicht ganz einwandfreies Flügelpaar.

Zinkenkopf (forkhead): Etliche Teile ihres Kopfes wachsen an Stellen, wo eigentlich der Darm sein sollte. Man kann darauf wetten, dass dieser homöotische Mutant an akuten Verdauungsstörungen leidet.

Groucho: Er hat mit der Plaudertasche der Marx Brothers eigentlich nur die buschigen Augenbrauen gemeinsam. Wirklich eine Schande, denn eine Fliege mit dem Talent für witzige Sprüche wäre doch mal etwas Neues.

Van Gogh: Ein Name, der womöglich unangemessene Assoziationen wachruft, denn diese Fliege ist, ehrlich gesagt, ein ziemlich langweiliger Mutant. Die Haare auf den Flügeln bilden Wirbelmuster im Gegensatz zu den regelmäßigeren Anordnungen, die man bei normalen Fliegen sieht. Den Biologen zufolge, die der Fliege ihren Namen gaben, erinnerten diese Muster «an die wirbelnden Pinselstriche, die der Künstler in einigen seiner Bilder einsetzte». Das ist Impressionismus für Sie.

Dschingis Khan (genghis khan): Ein mächtiger Kriegsherr im Fruchtfliegenreich, der vergewaltigend und plündernd die Kontinente verwüstet? Nicht ganz. Der Name stammt zum Teil von der Anhäufung des Aktins – eines Proteins, das den Muskeln Kraft verleiht – im Mutantenei. Dennoch: vielleicht könnte *Dschingis Khan* ein Trendsetter für weitere Fruchtfliegen-Diktatoren sein. Sieht jemand einen Kandidaten für *adolf hitler, benito mussolini* oder *francisco franco*?

Zehn Dinge, die Sie noch nicht über Fruchtfliegen wussten – und wohl auch nie wissen wollten

1. Die wörtliche Übersetzung von *Drosophila melanogaster* lautet «schwarzbäuchiger Liebhaber des Taus». Obwohl der «Schwarzbauch»-Teil Sinn macht, da er sich auf die schwarze Spitze des männlichen Hinterteils bezieht, scheint der «Tauliebende» doch ein wenig aus der Luft gegriffen zu sein. Vielleicht ist dieses kleine Versehen ein Beweis dafür, dass Carl Fredrik Fallén, der schwedische Insektenkundler, der die *Drosophila*

1823 erstmals so benannte und beschrieb, zu viel Zeit mit seinen Studienobjekten im Dunstkreis von Brauereien und Weingütern verbrachte.

2. Die Fruchtfliege ist umgangssprachlich zu den verschiedensten Zeiten als Essigfliege, Obstfliege, Weinfliege, Bananenfliege und als «Fliege von eingemachtem Obst» bekannt gewesen.

3. Einige Fruchtfliegenarten haben überhaupt kein Interesse an Obst, sondern legen ihre Eier bevorzugt in Pilzen, Kakteen oder Blumen ab. Es gibt sogar ein paar bizarre Spezies, die sich ganz und gar von Pflanzen abgewandt haben und einen eher ausgeflippten Lebensstil schätzen. *Drosophila carcinophila* legt beispielsweise ihre Eier in die «Nierenfurche» – das körpereigene Pissoir – einer Landkrabbe. Sind die jungen Fliegenlarven geschlüpft, ernähren sie sich von den Exkrementen der Krabbe.

4. «Reaktionen der Obstfliege» lautete der etwas nebulöse Titel einer Studie. F. W. Carpenter veröffentlichte sie 1905 in dem Magazin *American Naturalist*. Was normalerweise eine nicht weiter bemerkenswerte wissenschaftliche Arbeit gewesen wäre, zeichnet sich dadurch aus, dass sie die erste veröffentlichte Laborstudie über die Fruchtfliege ist.

5. Die meisten *Drosophila*-Spezies können sich im Dunkeln paaren, wobei sie ihr artspezifisches Lied benutzen, um den richtigen Partner zu finden. Nur *Drosophila subobscura* ist eine seltene Ausnahme. Sie gehört zu den wenigen Spezies, die kein Lied haben, sondern sich während der Werbungsphase auf visuelle Anhaltspunkte verlassen. So muss sie darauf bestehen, beim Sex das Licht anzulassen.

6. *Drosophila pseudoobscura* hat einen durchsichtigen Hodensack. Natürlich haben Insekten, streng genommen, keine Hodensäcke – das ist eher eine Sache für Säugetiere. Aber die Fruchtfliege hat etwas Vergleichbares – ein Futteral, das die Hoden bedeckt. In *D. pseudoobscura* ist diese Haut durchsichtig und lässt einen klaren Blick auf die darunter liegenden, leuchtend orangefarbenen Hoden zu. Aus diesem Grunde ist *D. pseudoobscura* bei Studien über die Unfruchtbarkeit von Hybriden stets hoch geschätzt gewesen. Je größer die Hoden, desto potenter das Sperma. Durchsichtigkeit bedeutet, dass die Sezierungen und die damit verbundenen Sauereien wegfallen. Man kann die Fruchtbarkeit messen, indem man die Fliege einfach flachlegt und einen kurzen Blick auf die Keimdrüsen wirft.

7. *Drosophila bifurca* produziert Sperma, das länger als 58 Millimeter ist – mehr als zehn Mal so lang wie der eigene Körper.

8. Während der Kopf der Fruchtfliege durchaus nützlich ist, gibt es Anlässe, wo er nicht unbedingt erforderlich wäre. So gibt es beispielsweise Indizien dafür, dass Fruchtfliegen bestimmte Aufgaben besser ohne Kopf erlernen. Um dies zu demonstrieren, nehmen Sie eine Fruchtfliege, befestigen Sie sie an einem Stock und hängen Sie diesen über eine Schale mit Salzwasser. Jetzt wickeln Sie ein kurzes Stück feinen Draht um die Beine der Fliege, sodass der Draht gerade eben die Oberfläche der Flüssigkeit berühren kann. Die Fliege wird nicht unbedingt glücklich über ihren Zustand sein und wird protestierend mit ihren Beinen hin und her strampeln. Doch jedes Mal, wenn der Draht die Oberfläche der Flüssigkeit berührt, bekommt sie einen kleinen elektrischen Schock. Bemerkenswerterweise lernen enthauptete Fliegen besser als Fliegen mit intaktem Kopf, ihre Beine hochzuhalten und den elektrischen Schock zu ver-

meiden. Dieses erstmals in den siebziger Jahren durchgeführte Experiment zeigt, dass Köpfe hinderlich sein können, und veranschaulicht darüber hinaus, dass Lernen in Nerven außerhalb des Gehirns stattfinden kann.

9. Fruchtfliegen können süchtig nach Crack werden. Unter dem Einfluss der Droge geben sie sich manischer sexueller Aktivität hin. Bei hohen Dosierungen gehen sie rückwärts, seitwärts und im Kreis. Wiederholter Genuss ruft die zunehmende Toleranz für die Droge hervor, die typisch für süchtige Menschen ist.

10. Ein Paar Fruchtfliegen kann innerhalb von vierzehn Tagen ohne Probleme zweihundert Nachkommen zeugen. Wenn jede einzelne dieser Fliegen und alle ihre Nachkommen dieselbe Produktivitätsrate erreichen, würde es am Ende eines Jahres eine Billion Billion Billion Billion Billion Billion Billion Fliegen geben.

Ausgewählte Literatur

Während der Arbeit an diesem Buch waren mir Robert Kohlers *Lords of the Fly: Drosophila Genetics and the Experimental Life* (University of Chicago Press, Chicago 1994) und Garland Allens *Thomas Hunt Morgan: The Man and his Science* (Princeton University Press, Princeton 1978) Begleiter von unschätzbarem Wert. Beiden gelingt es hervorragend, die Atmosphäre und die Erlebnisse aus der Gründerzeit der Arbeit mit der Fruchtfliege einzufangen und wiederzugeben. Wenn Sie an einer allgemeinen Geschichte der amerikanischen Biologie interessiert sind, sollten Sie es mit *The American Development of Biology* (Ronald Rainger/ Keith R. Benson/Jane Maienschein, Hg., Rutgers University Press, London 1991) oder mit Jane Maienscheins Buch *Transforming Traditions in American Biology, 1880–1915* (Johns Hopkins University Press, Baltimore 1991) versuchen. *A Century of DNA* von Franklin Portugal und Jack Cohen, erschienen bei MIT Press, Cambridge/Mass. 1977, vermittelt einen guten allgemeinen Überblick über die Geschichte der Genetik.

Weitere Informationen über Hermann Muller finden Sie bei Elof Axel Carlson: *Genes, Radiation, and Society: The Life and Work of H. J. Muller* (Cornell University Press, Ithaca 1981). Obwohl Peter Lawrence einen eher technischen Ansatz bevorzugt, enthält sein Buch *The Making of a Fly* (Blackwell Scientific Publications, Oxford 1992) lesenswerte Kurzgeschichten über einige Schlüsselerlebnisse in der Entwicklungsbiologie. Und für eine kurze Einführung in die Entwicklungsgenetik eignet sich wohl am besten der Artikel «The molecular architects of body design» von William McGinnis und Michael Kuziora im *Scientific American* (Februar 1994, S. 36-42).

Jonathan Weiners *Zeit, Liebe, Erinnerung. Auf der Suche nach dem Ursprung des Verhaltens* (Siedler Verlag, Berlin 2000) ist sowohl eine Biographie über Seymour Benzer als auch eine Einführung in die Verhaltensgenetik der Fruchtfliege. Robert Dudleys «Evolutionary origins of human alcoholism in primate frugivory» (*Quarterly Review of Biology*, Bd. 75, Nr.1, März 2000) erforscht die Wurzeln unserer Liebe zum Alkohol.

The Evolution of Theodosius Dobzhansky (hg. von Mark B. Adams, Princeton University Press, Princeton 1994) ist ein empfehlenswertes Standardwerk über Dobzhanskys Leben und Forschung. Ernst Mayr und William B. Povine sind als Herausgeber von *Evolutionary Synthesis: Perspectives on the Unification of Biology* (Harvard University Press, Cambridge/Mass. 1998) auf den Spuren der Ursprünge und Einflüsse der Evolutionsgenetik. Der Titel *Progress and Prospects in Evolutionary Biology: The Drosophila Model* (Oxford University Press, Oxford 1997) von Jeffrey Powell deutet schon an, worum es hier geht: um eine Übersicht über den Beitrag der Fruchtfliege zur Evolutionsbiologie.

Weiterführende Informationen über die evolutionären Feinheiten des tierischen Sexlebens finden Sie in *The Evolution of Mating Systems in Insects and Arachnids*, hg. von Jae C. Choe und Bernard J. Crespi (Cambridge University Press, Cambridge/Mass. 1997), in der *Einführung in die Verhaltensökologie* von John Krebs und Nick Davies (Parey Buchverlag, Berlin 1996) oder in *Sperm Competition and Sexual Selection* (T. R. Birkhead/A. P. Møller, Hg., AP Professional, London 1998).

Steven Austads *Why We Age: What Science is Discovering About the Body's Journey Through Life* (John Wiley, Chichester 1997) bietet Ihnen eine gute Einführung in die Biologie des Alterns, während Tom Kirkwoods *Zeit unseres Lebens. Warum Altern unnötig ist* (Aufbau Verlag, Berlin 2000) eine allgemein verständliche und lesenswerte Darstellung der umstrittenen Somatheorie des Alterns ist.

Eine auf den neuesten Stand gebrachte Übersicht über Artbildung ist *Endless Forms: Species and Speciation*, hg. von Daniel J. Howard/Stewart H. Berlocher (Oxford University Press, Oxford 1998). Wer sich für die evolutionäre Bedeutung von Hybriden interessiert, sollte sich Michael Arnolds *Natural Hybridization and Evolution* (Oxford University Press, Oxford 1997) ansehen. Jonathan Weiners Buch *Der Schnabel des Finken oder Der kurze Atem der Evolution* (dt. 1994) erzählt die Geschichte der Darwinfinken aus zeitgenössischer Perspektive, während *Species: New Interdisciplinary Essays* (Robert A. Wilson, Hg., MIT Press, Cambridge/ Mass. 1999) ein ausgezeichnetes Minensuchboot im Konfliktgewässer widerstreitender Vorstellungen über die Arten ist.

Und schließlich sollten Sie sich die Ausbeute der Biologen bei der Sequenzierung des Fruchtfliegengenoms in der Spezialausgabe von *Science* (Band 287, 24. März 2000) ansehen.

Dank

Folgenden Menschen möchte ich für die Hilfe und Unterstützung danken, die sie mir beim Schreiben dieses Buches zuteil werden ließen: Jennifer Brady, Jenny Bangham, Tracey Chapman, David Concar, Alice Hunt, Owen Rose und Peter Tallack.

Register

adaptiver Vorteil 40, 43
  halbes Auge 40
Aktin 241
akzessorische Geschlechtsdrüsen 157, 168
  defekte 164
akzessorisches Geschlechtsdrüsenprotein 166
  Acp36DE 168
  Acp62F 169
  Acp76A 166
Alkoholempfänglichkeit 134 f.
  evolutionäres Überbleibsel 134
Alkoholismus 19, 136 f.
  genetische Ursache 136 f., 235
Alkoholtoleranz 136–139
  Indikator 138
Allele 58 f.
Alterungsprozess 176, 179, 186, 194 f., 234 (→ Langlebigkeit; Radikale, freie)
  biologischer 177
  langsamerer 177, 190
  molekulare Schädigungen 186
  schnellerer 187 f.
Alzheimer-Krankheit 19, 133, 183
American Breeders Association 50
anales Tröpfchen 211, 218
Analogien
  Baustelle 76
  Landkarte 85
  Mendel'sches Wohnviertel 45–48, 50
  Orchester 91
  Schuhtypen 104–107, 118 f., 210
Aniridia-Gen 90

Antennapedia-Komplex 83
Antioxidantien 180–182, 184 (→ Radikale, freie)
Artbildung 205, 209, 212, 214 f. (→ Arten, Ursprung)
  Bummelstreik 212
  genetische Unverträglichkeiten 217
  → natürliche Selektion 213
Artbildungsgen 219 (→ *period*-Gen)
Artbildungstheorien 212 f. (→ biologisches Artkonzept)
  Darwins Definition 223 f.
  Dobzhanskys Definition 220 f., 223
Arten 214 f., 217, 223
  Fortpflanzungseinheiten 215
  genetische Integrität 221
  Grenzziehung zwischen den 215 f.
  Gruppen von Individuen 215
  Populationen, isolierte 221
  reproduktive Unverträglichkeit 216
  Unversehrtheit 216
Arten,
Ursprung der 39, 42, 106, 119, 200, 209, 215
  Fortpflanzungsgelände 212
  Hervorbringung neuer 213
  → Inselhüpfen 208 f.
  (→ Fruchtfliege, hawaiische)
Artenreichtum 206
Asexualität 188 f.

Bakterien 17 f., 88, 121, 127
  krankheitsverursachende 177

Balancer-Chromosomen 166 (→ Chromosom-...)
Baustelle, biologische 76, 80, 85
Benzer, Seymour 121 f., 124 f., 139, 175
Biologie 12 (→ Evolutionsbiologie)
  theologische Fesseln 26
biologische Uhren 139
biologisches Artkonzept 217, 219, 221 (→ Artbildung-...)
Bithorax-Komplex 82 f. (→ Fruchtfliegenmutanten)
Boveri, Theodor 51
Bridges, Calvin 60, 111 f., 229
Bürgerkrieg, amerikanischer 25, 27, 29, 34

Carpenter, F. W. 242
Castle, William 12, 15, 233, 236
Chapman, Tracey 149, 152, 160, 164, 169
Chorea Huntington 19, 191 f.
Chromosomen 15, 49, 57, 62, 71, 104, 230 (→ Gen-...; Fruchtfliegenchromosom; X-Chr.; Y-Chr.)
  aufbrechende 63
  «Eisenbahnstrecke» 64
  Erbsubstanzträger 49 (→ DNA-...)
  linear angeordnete Gene 237
  mit Röntgenstrahlen beschossene 16, 71
  Schuhanalogie 104 f.
Chromosomenabschnitt 63, 71

REGISTER